동물 사회의 전쟁

루크 홀만 지음
윤연진 옮김

사람in

동물 사회의 전쟁

동물은 어떻게 경쟁하고 협력하는가

일러두기

1. 이 책은 Loïc Bollache의 *Quand les animaux font la guerre*(humenSciences, 2023)를 옮긴 것입니다.
2. 본문의 각주에서 원주는 *로, 옮긴이 주는 °로 표기했습니다.

CONTENTS

2장 암수 전쟁 53

3장 전사 계급의 진화 87

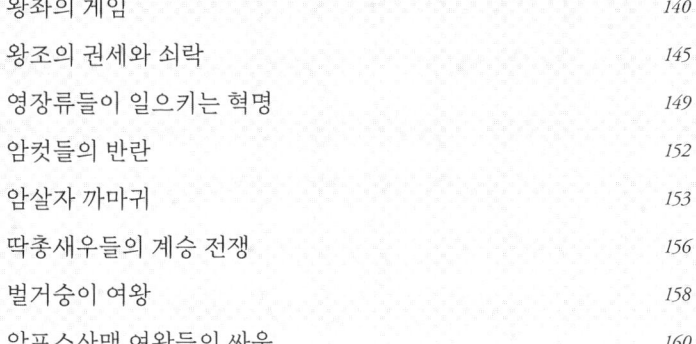

6장 동물의 사회적 배척

7장 평화: 충돌을 비폭력적으로 해결하기

결론: 전쟁은 필연적이지 않다 **210**

서문

"전쟁에는 딱 두 종류가 있다. 하나는 공격하는 적을 물리치려는 전쟁,
다른 하나는 공격받는 동맹을 도우려는 전쟁이다."

몽테스키외, 「편지 96, 우스벡이 레디에게」, 『어느 페르시아인의 편지』

잔잔한 물을 조심하라. 나일강의 물고기, 파충류, 새 들은 아프
리카 대륙의 상징적인 두 동물 사이에 1,000년 넘게 이어져 온
충돌을 매일 지켜보는 목격자들이다. 하마와 악어는 자신들이
휴식을 취하기에 가장 좋은 평온한 강가 자리를 차지하기 위해
서로 훑어보고 으름장을 놓는다. 완만한 둑은 소란스러운 급류
에서 멀찍이 떨어져 있어서 하마들은 먹을거리를 찾으러 밤마

다 육지로 갈 수 있고, 악어들은 몸을 데우기 위해 낮 동안 태양 아래서 몸을 길게 뻗을 수 있다. 공동 서식지가 규칙일 수도 있겠으나, 전혀 그렇지 않다. 하마*Hippopotamus amphibius*는 화를 잘 내고 예측할 수 없으며 굉장히 공격적인 동물이다. 둔중해 보이지만 하마가 위험에 맞서 취하는 방어 태세는 줄행랑이 아닌 공격이다. 자신에게 너무 가까이 다가오는 이들을 공격하는 데 절대 주저하지 않는다. 하마가 아프리카 대륙에서 가장 위험한 동물로 손꼽히는 데는 다 이유가 있다.

하마와 나일악어*Crocodylus niloticus*의 경쟁은 불균형을 이룬다. 악어들은 그 점을 알고 있기에 나일강의 왕 하마의 분노를 일으키지 않으려 조심한다. 두 동물은 서로 피하면서 평화롭게 공존할 수 있으나, 그것도 잠시일 뿐이다. 하마와 같은 초식동물이 호전적인 행동을 하도록 이끄는 요인은 무엇일까? 아마도 공간 부족, 가장 지내기 좋은 서식지를 차지하기 위한 경쟁, 조상 대대로 이어진 잠재적 포식자에 대한 두려움일 것이다. 공격한다는 건 여전히 하마에게 최고의 방어 태세다. 왜냐하면 성체 하마에게는 전혀 위험한 상황이 아니지만 어린 하마는 악어에게 쉬운 먹잇감이 될 수도 있기 때문이다. 악어가 하마 무리 사이에 겁 없이 들어가면 하마들은 곧바로 집단으로 폭력을 휘둘러 엄니가 발달한 강력한 턱뼈로 불청객 악어를 으스러뜨리고 대개는 죽음에 이르게 한다. 생물학자 크리스토퍼 코프런^{Christopher} Kofron은 1993년 발표한 연구에서, 건기 동안에는 물이 부족해져서 줄어든 그 평온한 구역을 공유해야 하는데 이때 하마와 나일 악어의 상호작용 대부분이 일어난다고 주장했다.[1] 하지만 하마의 적대 행동은 강물에서 끝나지 않고, 햇빛을 쬐며 나른하게 쉬고 있는 악어들을 강기슭까지 내쫓는다. 하마들은 악어들을 휴식 공간에서 몰아내며 주기적으로 강제 이동시킨다. 이렇듯 강에서 사는 말,° 하마는 강물과 강둑의 주인이며 자신의 규칙을 따르게 한다.

포식은 전쟁이 아니다

야생에서 동물종들 사이의 관계는 대개 폭력적이다. 특히 포식자와 먹잇감의 관계가 그러하다. 본래 포식 행위는 폭력적이다. 사자, 늑대, 범고래처럼 집단 사냥 전략을 펼치는 사회성 종들의 사냥은 당연히 전쟁을 연상시킬 수 있다. 그렇지만 포식자인 한 개체가 먹잇감인 다른 개체를 상대로 벌이는 사냥이든 또는 곤충들처럼 수천 마리의 개체가 벌이는 사냥이든 간에 포식은 먹는 행위일 뿐이다. 사냥 전략을 짠 포식 행위도 그저 평범한 먹

° Hippopotamus는 그리스어 'ἱπποπόταμος'(hippopótamos, hippo: 말, potamós: 강)에서 온 단어로 '강에 사는 말'이라는 의미다. 하마도 한자어가 河馬다.

이 관계다. 이를테면 흰개미의 포식자인 아프리카 개미 메가포네라 아날리스$^{Megaponera\ analis}$는 매번 공격을 면밀하게 준비하고 계획한다. 정찰병 개미들은 다른 개미들이 공격에 나서기—그래서 공격자 개미라 부른다—전에 표적 흰개미집의 위치를 포착한다. 물론 개미들과 그들의 전략을 이야기할 때 사용하는 단어들은 전쟁 관련 표현에서 빌려 온 것이지만, 개미들의 집단 행동은 그저 포식 행위에 불과하다.

공격성은 동물계에 널리 퍼져 있어서, 인간을 제외한 야생 동물은 공격성을 타고났다는 믿음이 그럴듯해 보인다. 볼테르Voltaire는 『철학 사전Le Dictionnaire philosophique』에서 이런 말을 한 적이 있다. "모든 동물은 언제나 전쟁 중이다. 각각의 동물종은 다른 동물종을 잡아먹기 위해서 태어났다. 심지어 비둘기와 양도 우리가 지각할 수 없는 동물들을 굉장히 많이 먹는다. 메넬라오스와 파리스가 헬레네를 두고 벌인 전쟁처럼 같은 종의 수컷들이 암컷들을 차지하기 위해 서로 싸우기도 한다. 이렇듯 하늘, 땅, 물은 말살이 벌어지는 현장이다. 자연은 인간에게 같은 인간들을 죽이기 위한 무기를 주지 않았고 그들의 피를 빨아 먹는 본능도 주지 않았으니, 신이 부여했던 이 이성은 인간들에게 동물들을 모방하여 스스로를 깎아내리지 말라고 경고하는 듯하다."[2]

그런데 볼테르는 다소 성급하게 단정 지었다. 그의 펜 아래 동물들은 필연적인 사나운 본능을 제어할 수 없는 전쟁 기계로 단순화되었다. 그저 피에 목마른 통제 불가능한 짐승들이었다. 다행히도 진실은 더 미묘하다. 자연에서 모든 공격과 죽임은 동등하지 않다. 사자의 이빨에 물린 가젤의 죽음과 새매의 발톱에 찍힌 박새의 죽음은 단순히 포식 행위를 위한 것이다.

그렇다면 어떻게 전쟁과 포식을 구분할까? 포식과 다르게 전쟁 행위는 개체들로 구성된 한 집단이 먹이를 먹기 위함이 아닌 다른 이유로 다른 집단이나 특정 개체들을 겨냥한 공격적 행동으로 정의된다. 동물들이 싸우는 이유는 다양하다. 대개 영역을 지키거나 확장하기 위해, 먹이 자원을 확보하고 짝짓기 상대를 얻거나 사회적 서열에서 자신의 위치를 높이기 위해 싸움을 벌인다. 이런 식의 싸움은 같은 종에 속하는 개체들 사이에서 나타나는 게 보통이지만, 서로 다른 종들 사이에서도 일어난다. 또한 전쟁은 집단행동과 관련이 있다. 이러한 이유로, 단독 생활하는 종에게서 흔히 볼 수 있는, 영역이나 자원을 지키기 위한 두 개체의 싸움과 다툼은 전쟁 범위에서 배제된다.

전쟁이라는 개념을 정의하려 할 때, 저명한 군사 이론가였던 장군 카를 폰 클라우제비츠Carl von Clausewitz(1780~1831)[3]의 글을 다시 읽어 보는 게 유용하다. "전쟁은 다른 수단들을 이용한 단순한 정치의 연장선이다"라는 그의 유명한 구절은 사회과학, 정치학, 철학 등 여러 학문에서 연구와 분석 대상이었다. 그렇지만 이 문장은 일부 모호한 점들이 있어서 여러 관점이 생겼다.[4] 폰 클라우제비츠가 제시했듯이 전쟁은 정치적 목적을 위한 도구이자 단순한 수단일 수 있다. 더 합리적인 관점에서 전쟁이란 일대일 결투가 더 큰 규모로 확장되어 두 개의 개체 집단 사이에 벌어진 폭력적인 대결로 요약할 수 있다. 이렇듯 전쟁의 개념은 인류사와 긴밀하게 연결된 것처럼 보이는데 그렇다면 과연 동물 세계에서 전쟁에 대해 말할 수 있을까? 전쟁이라는 개념이 포유류부터 곤충을 거쳐 박테리아까지, 모든 사회성 생물에 적용될 수 있을까?

전쟁은 비인간적인 행동일까

인간은 인간과 인간이 아닌 동물 사이에 수많은 경계선을 곧잘 세웠다. 지능, 언어, 문화를 비교한 여러 연구를 통해 인간의 특성이 환상이었다는 결론을 이끌어 내려 했으나[5] 우리 인간의 행동에서 가장 부정적인 모습들에 대한 관심은 훨씬 적었던 것 같다. 그렇지만 전쟁과 같은 현상이 모든 동물 사회에도 존재하는지 마땅히 파악할 필요가 있다. 인류사에서는 어떤 문명도 전쟁의 운명을 피하지 못했던 것처럼 보인다. 모든 문명은 다양한 이유로 여러 전투를 겪거나 영토·경제·종교적 충돌, 때로는 동시에 일어나는 그런 충돌의 위협에 직면했다. 호모 사피엔스 *Homo sapiens*의 모험에서 전쟁이 너무 잦아 전쟁의 반대인 평화는 드물어 보인다. 정치철학자 토머스 홉스Thomas Hobbes는 "전쟁 상태는 폭력적 행위에서 끝나지 않고 집단들이 서로 싸울 의지가 확인된 시공간이다. 폭력은 단발성이지만 위험은 항상 존재하며 그 반대의 상황이 보장되지 않는 한 오래 지속된다"⁶라고 말했다.

모든 것을 살펴보면 전쟁, 더 정확하게 전쟁 상태는 인간 사회의 표준이라는 생각이 든다. 이렇게 확인된 사실에는 민감하고 아직도 해결되지 않은 질문이 함께 따라온다. 인간은 "본래 전쟁을 좋아하는 생명체일까? 아니면 집단 폭력이 요동치는 건 단지 '퇴화'된 개체들 탓이고 본래는 온화한 생명체일까?"라는 질문이다. 충돌 속에서 벌어진 잔혹한 행동들을 마주할 때, 그런 끔찍한 일들은 더 이상 인간이라 할 수 없는 몇몇 탈선한 사람들의 행동일 것이라는 충동적인 생각이 절로 든다. 이런 생각은 전쟁을 인간의 본성과 연결 짓지 않게 해 줄 것이다. 실제로 우리는 이런 행동을 비인간적이라 말하지 않는가? 그렇다면 인간적인 전쟁이 가능할까? 국제인도법을 준수하는 전쟁이라는 개념은 '잔인한 행위를 제한'하는 제네바 협약*에서 비롯되었다.

동물 사회의 전쟁

하지만 마치 인간은 이런 집단 폭력을 제어할 수 없는 존재임을 보여 주려는 듯 공포와 잔인함을 운명처럼 수반하는 싸움을 인간들이 매번 일으킬 때마다 그런 개념이 존재할 수 없다는 사실이 여실히 드러난다.

그래서 자연에서 다른 사회성 종들이 어떻게 행동하는지 살펴보는 게 더 흥미롭다. 다른 사회성 종들에게도 전쟁은 중간중간 짧은 평화의 순간 동안 끊겼다가 다시 시작되는 지속적인 상태일까? 아니면 이례적인 사건일까? 전쟁은 동물계 전체에서 두루 발생하는 현상일까? 아니면 인간이 속한 영장류처럼 몇몇 동물군의 특징일까? 전쟁은 호미니드^{hominid°}와 그들의 조상들, 후손들만의 것일까? 다시 말하자면, 전쟁을 준비하고 술책을 고안하며, 적이라고 선언된 집단들을 억누르거나 전멸시킨다는 단 하나의 목표를 두고 무기를 만들 정도로 지능이 상당히 높은 이 호미니드 계통에서만 나타나는 현상일까? 동물 세계에서 전쟁으로 알려진 첫 번째 증거는 분명 침팬지^{Pan troglodytes} 연구에

---

* 1949년에 체결된 제네바 협약 및 추가 의정서는 전쟁의 잔인한 행위를 제한하는 필수적인 규정들을 포함한 국제조약이다. 여러 규정을 통해 적대 행위에 관여하지 않은 사람들(민간인, 의무 요원, 구호 단체 활동가)과 더는 전투에 참여하지 않은 사람들(부상자, 환자 및 난선자, 전쟁 포로)을 보호한다. 참조: http://www.icrc.org.

○ 인류를 포함한 고릴라, 침팬지 등 대형 유인원 등을 일컫는 용어.

서 나왔다. 현대 영장류학은 아시아와 아프리카에서 동시에 시작되었고, 연구 방법도 동일했다. 개체들을 가장 가까이에서 관찰하고, 영장류 무리의 내밀한 생활 속으로 들어갈 수 있도록 투명한 존재가 될 때까지 융화되어 지내는 방법이다. 현장의 영장류학자들은 호의를 품고 훔쳐보는 사람들이다. 1960년대부터 동물행동학자 제인 구달Jane Goodall이 침팬지들의 사회 구조와 관련하여 발견한 모습들은 동화 같았다. 특히나 침팬지 새끼들을 향한 어미들의 상냥하고 자상하며 헌신적인 모습이 그러했다. 이러한 조직은 집단 내 서열을 지키면서 어느 정도 공격성을 드러냈다. 그렇지만 그런 공격성은 항상 제한적이었으며 공동체의 긴밀한 결집을 유지하려는 정당한 이유가 있었고 결코 경쟁자들을 죽음에 이르게 하지 않는 것처럼 보였다.

제인 구달의 트라우마

1974년 초, 이런 목가적인 그림은 무너졌다. 같은 무리의 구성원들이었던 북쪽 침팬지들과 남쪽 침팬지들의 적대 관계에서 비롯된 유난히 폭력적인 사건이 관찰되었기 때문이다.[7] 북쪽 무리의 수컷 여섯 마리가 남쪽 무리의 젊은 수컷을 발견하고 공격했다. 제인 구달은 이 젊은 수컷 침팬지에게 고디Godi라는 이름을 붙여 줬다. 한 마리 수컷을 상대로 여섯 마리가 달려든 공격의 결

동물 사회의 전쟁

과는 불 보듯 뻔하다. 그런데 이러한 유형의 충돌은 으레 패자가 복종하고 물리적 충돌이 제한되면서 끝나지만, 그날은 그런 일이 일어나지 않았다. 놀란 연구자들은 침팬지들이 무방비 상태의 적을 극도로 폭력적인 방식으로 구타하는 장면을 목격했다. 침팬지들이 어린 고디의 두 팔을 붙잡았고 그들 중 한 마리는 고디의 머리를 깔고 앉아서 두 다리를 잡아 움직이지 못하게 막았다. 그러는 동안 연장자 수컷이 고디의 몸을 난폭하게 수차례 물어뜯었고, 이는 고디가 목숨이 끊어져 미동조차 없을 때까지 이어졌다. 공격은 10분 동안 지속되었는데, 이 10분은 우리의 가까운 사촌에 대한 영장류학자들의 관점을 영원히 바꿔 놓았다.

이 사건은 제인 구달이 "곰베의 4년 전쟁"이라고 부른 전쟁의 시작이었다(뒤에서 이 전쟁을 다시 다룰 예정이다). 제인 구달과 조수들은 그때까지 인간들만 그런 행동을 보인다고 여겼다. 이 단계에서 전쟁의 다양한 형태를 살펴보고, 무리 생활에 잠재한 전쟁의 원인에 관해 질문할 필요가 있다.

전쟁의 다양한 형태

동물 세계에서는 수많은 종이 저마다의 방식으로 무리 지어 살고 있나. 성어리 무리, 펭귄 군집, 개미 무리, 보노보 무리를 두고 보면 이들의 집단생활은 역동성, 시간, 공간적 측면에서 모두 똑같지 않다. 유인원들처럼 평생 동안 무리 지어 생활하는 동물이 있는 반면에, 주로 번식철에 집단생활 방식을 선택해 양쪽을 번갈아 가며 사는 동물도 있다. 군락 내에서 번식하는 수많은 바닷새들에게서 이런 행동이 관찰된다.

집단생활은 개체들에게 몇몇 이익을 가져다주기 때문에 진화 과정에서 선택된 생활 방식이다. 예를 들면 포식자들로부터 자신을 가장 잘 보호할 수 있는 하나의 전략이기도 하다. 한 개체가 잡혀갈 확률이 집단의 크기에 따라 감소하는 현상을 '희석 효과dilution effect'라고 부른다. 그리고 먹잇감이 이곳저곳 이동하는 집단에 있을 때에는 포식자가 집중하기 힘들어지는 상황을 '혼란 효과confusion effect'라고 한다. 이 전략도 잠재적 경쟁자들에 맞서 자신의 영역을 가장 잘 방어하며, 예측할 수 없고 고르지 않게 분포한 천연자원을 더 효과적으로 탐색하고 활용할 수 있게 해 준다. 하지만 개체는 사회생활로 인해 대가를 치르거나 불이익을 받을 수 있다. 무리 지어 사는 방식은 최상의 거주지, 먹이, 짝짓기 상대를 확보하기 위한 경쟁을 증폭시킨다. 이로 인해 기생충 감염과 질병 전염, 다른 개체와의 짝짓기, 동족 포식, 새끼 살해가 일어날 위험이 높고, 결국에는 집단 구성원들 사이에 충돌이 벌어지기까지 한다.

그러므로 한 집단에 사는 동물들이 전쟁을 벌이거나 집단으로 공격적 상호작용을 유발하는 요인이 무엇인지 파악함으로써 인간 세상에서 일어나는 충돌의 원인이 무엇인지 질문해 볼 수 있다. 종종 '전쟁'이라는 이 단순한 단어가 굉장히 다양한 집단 충돌의 형태를 포함하기 때문이다. 게다가 여러 전쟁 형태가 모든 사회성 종에 적용되지는 않으니 이를 목록으로 정리하려는 시도는 중요하다.[8]

가장 단순한 영ㄴ   선쟁은 서로 다른 사회성 집단에 속한 구성원들끼리 지휘ㄱ ㅜ 없이 벌이는 공격적 상호작용이다. 공격성은 의례화된 행동부터 부상과 사망을 일으키는 근접전까지 여러 상황에서 나타날 수 있다. 전쟁에는 같은 종 또는 다른 종의 다른 집단에 맞서 한 집단의 구성원들이 실시하는 계획적인 행동이나 연합이 주로 포함된다.

집단 공격은 어느 한 개체 집단이 주도해 다른 집단이나 고립된 개체에게 가하는 행위인데 그 의도는 위협하고, 물리적으로 때리고, 상처 입히고, 드물게는 목숨을 앗아 가는 것이다.

기습은 공격자들이 다른 집단의 영역으로 침투하는 과정에서 갑작스레 공격하는 행위다. 공격자들은 대개 표적보다 수가 더 많으며, 행동하기에 적절한 순간을 고른다.

매복은 기습과 유사하지민, 여기시는 공격자들이 공적 지점에 미리 가서 표적을 잡기 위한 덫을 준비해 놓은 상태다.

토머스 홉스는 폭력적 행위들이 전쟁의 상징이지만 실제로는 한 집단 또는 여러 집단의 구성원 모두가 함께 느끼는 긴장의 정점에 불과하다고 말했다.[9] 그래서 전쟁 상태는 영속적인 충돌 위험이자 진정한 공격 상황이며 이로 인해 개체들은 반드시 향후 공격을 예상하고 예측해야 한다.

타고난 폭력성?

인간사의 전쟁을 다룬 연구나 책에 비하면 동물 세계에서 벌어지는 전쟁의 기원은 신기하게도 거의 논의되지 않았다. 어떤 이들의 눈에는 동물들이 생물의 원시 형태를 표상하기 때문에 이들을 본래 폭력적이고 타고난 공격성을 다스릴 수 없는 생물로 여기자는 합의가 있는 듯하다. 동물들의 전쟁 상태가 생존과 번식을 위해 다른 동물들보다 더 많이 소유하려는 불가역적 욕구 때문에 자원을 확보하려고 벌인 경쟁의 단순한 결과라는 설명은 그럴싸하다. 하지만 모든 단순화는 다른 타당한 가설들을 몰아낸다. 그래서 고고학자들과 민족학자들이 인류 원시사회의 폭력과 전쟁의 기원을 어떻게 설명했는지 살펴보는 일은 중요하다. 우리 현대사회보다 자연에 더 가까운 인간 무리 내에서 벌어진 충돌의 원인들을 파악하기 위해 역사의 흐름을 거슬러 올라가는 것이다.

그렇게 해서 원시사회의 전쟁 기원에 대한 여러 가설의 목록을 세우고 이를 인간이 아닌 동물종과 비교해 볼 수 있다. 민족학자 피에르 클라스트르Pierre Clastres(1934~1977)는 저서 『폭력의 고고학Archéologie de la violence』에서 원시사회의 전쟁 기원에 대한 세 가지 주요 논고를 파악하고 비평했다. 앙드레 르루아구랑André Leroi-Gourhan(1911~1986)은 저서 『몸짓과 말Le Geste et la Parole』에서 이른바 '박물학자' 논고를 펼치면서 수렵하는 인간과 전쟁하는 인간이 자연적인 혈통이라고 주장했다. 폭력은 인간이 조상들로부터 물려받은 유산이며, 식량을 찾으려는 욕구와 생명을 존속하려는 욕구에서 생긴 생물학적 특성일 것이다. 이를 기반으로 수렵하는 인간은 기술, 치명적인 무기, 문화를 발전시켰고, 결국 전쟁하는 인간이 된 것이다. 피에르 클라스트르는 살생하는 사냥 행위 그 자체가 폭력의 단계를 포함한다는 사실을 정확하게 비평했다. 따라서 집단 수렵과 전쟁을 혼동해선 안 된다. 사바나에서 누 또는 영양을 사냥하는 암사자 무리는 초식동물종들에 맞선 전쟁 상태에 있는 게 아니다. 예컨대 생태학자들이 보기에 초식은 소와 같은 초식동물종이 풀이라는 살아 있는 다른 종들을 먹는 것이므로 포식 행위다. 우리는 이를 식물들에 맞선 초식동물들의 전쟁이라고 말하지 않는다. 간단히 말해, 포식은 전쟁이 아니다. 그렇지만 포식과 전쟁에는 유사한 점이 있다.

현대인의 최근 발명품을 제외하면, 인간과 동물 모두 사냥과 전쟁에 같은 무기를 사용하는 경우가 많다. 포식자 종들은 송곳니나 발톱 등과 같은 무기를 갖고 있는데, 그렇다고 해서 먹잇감들에게 무기가 없는 것은 아니다. 발굽과 뿔은 자기 방어를 위해서만이 아니라 필요할 경우 죽이는 데도 사용될 수 있다. 예를 들어 들소가 키 큰 풀밭에서 사자와 그 새끼를 쫓아 죽이려고 할 때처럼 말이다.

두 번째 '경제학자' 논고는 무리들 간 ....를 위한 싸움이라는 견해에 초점을 맞추었다. 원시사회의 세상은 비참했다. '야생인'은 기술적으로 취약했던 탓에 자연을 지배할 수 없었다. 무리들은 식량 자원뿐만 아니라 서식지 등 다른 자원을 확보하기 위해 경쟁했다. 다른 무리에 맞서는 만큼 자연에도 맞서 생존을 위해 싸웠다. 따라서 자원의 희귀성은 무리들끼리 그리고 개체들끼리 벌어지는 충돌의 원인일 것이다. 인간이 아닌 동물종들로 바꿔 보아도 같은 이유로 같은 폭력이 발생한다. 모든 충돌은 물리적 싸움으로 끝나지 않는다. 홉스의 말을 빌리자면, 전쟁 상태는 영속적이며 개체들도 항상 경계 태세에 있다. 아프리카의 미어캣이나 몽구스처럼 침입을 피하고 충돌 위험을 미리 알리기 위해 경계선을 매일 감시하면서 자신의 영역을 지키는 종들의 망보기가 완벽한 예다. 이렇듯 자원을 확보하기 위한 경쟁

동물 사회의 전쟁

의 중요성이 공동체를 구성하게 한다. 생태학이 어떤 면에서는 자연에 대한 경제학이라는 사실, 그리고 영국의 고전파 경제학자 토머스 맬서스Thomas Malthus(1766~1834)가 영국 생물학자 찰스 다윈Charles Darwin(1809~1882)의 연구들에 큰 영향을 줬다는 사실을 잊어선 안 된다. 다윈은 맬서스의 견해를 적용해 자원의 부족으로 발생하는 성생이 선택의 강력한 원동력이라는 진화 이론을 세우는 데 필요한 요소들을 확립했기 때문이다.

반면 원시사회와 그 비참한 세상에 대한 종말론적인 관점은 사실을 토대로 하지 않은 주장이라고 볼 수 있다. 인간의 사례를 예로 들어 보자. 지구에도 유난히 사람이 살기 힘들어서 대체로 사람들이 거의 없거나 아예 없는 지역이 있다. 우리 조상들은 우리보다 더 어리석지 않았기에 황량한 지역에 사는 걸 피했다. 유난히 살기 힘든 영토에서는 무리들 및 구성원들 간의 협력이 절대적 규범이 되진 않지만 충돌보다 더 이롭기 때문에 더 빈번하게 나타났다. 그렇지만 무리 내 개체들 사이의 불균형처럼, 영역을 지키는 무리들 간의 자원 불균형은 충돌이 일어나기 좋은 조건이며, 영속적인 전쟁 상태를 야기했다.

마지막으로 클로드 레비스트로스Claude Lévi-Strauss(1908~2009)의 인류학과 민족학에 뿌리를 둔 세 번째 논고는 전쟁을 교역의 부산물로 봤다. 상대적으로 조화로운 상황에서 교역이 이뤄질 때 관계가 평화롭고, 전쟁은 거래가 잘 진행되지 않을 때만 나타난다. 교역이 충돌의 다른 해결책일 것이라고 보는 유사한 관점도 있다. 이런 관점이 인간 사회에서는 당연하지만, 동물 사회에는 재화 교역이라는 개념이 존재하지 않는다.

그만큼 충돌이 일어나는 이유는 다양하다. 전쟁의 개념을 언급할 때 우리는 곧바로 영역을 지키기 위한 싸움을 생각한다. 그건 인류 전쟁의 첫 번째 이유이며, 이러한 양상은 동물 세계에서도 폭넓게 보편화되어 있다.

두 번째 충돌 유형은 중요한 유형으로 같은 종의 구성원들끼리 번식을 위한 짝짓기 상대에게 접근하는 것과 관련 있다. 번식 기회를 잡을 때에도 먹이 자원을 찾을 때만큼이나 새로운 영역을 확보하려는 싸움이 아주 빈번하게 벌어진다. 심지어 동물 세계에서는 암수 전쟁이 예상 밖의 상황을 초래할 수 있으며, 종들 사이의 강제 교미까지 발생하기도 한다.

동물 세계에는 서식지를 보호하거나 집단 내 동맹을 결성해 적을 파괴하기 위한 목적으로 벌어지는 특유의 충돌 유형이 존재한다. 그리고 여러분은 개체들이 무리 안에서 반란을 일으키는 이유와 방법, 동물 세계의 내란, 인간 세계에서처럼 민중이 폭군들을 내쫓을 수 있는지 여부를 이 책을 통해 알 수 있을 것이다. 또한 나는 그동안 거의 거론되지 않았던 현상들, 예컨대 무리에서 몇몇 개체에 대한 거부로 이어지는 사회적 소외, 낙인 찍기, 배척 행동 등에 관해 이야기하고 싶었다.

전쟁은 필연이 아니다. 많은 동물종은 충돌을 피하고, 그로 인한 영향을 제한할 수 있는 수많은 체계를 갖추고 있다. 많은 영장류가 평화로 돌아가는 행동을 보였고, 서열과 질서는 개체들의 흥분을 디스리는 데 효과적인 해결책이었다. 인간이 아닌 동물들도 사회적 긴장을 해소하는 데 전쟁이 어쨌든 유일한 수단은 아니고, 최고의 수단도 아니라는 사실을 알아차렸던 것이다.

QUAND
LES
ANIMAUX
FONT
LA
GUERRE

1장
영역
전쟁

이탈리아 국경에서 멀지 않은 프랑스 알프스산맥, 나무에 설치한 카메라 트랩에 한 장면이 포착되었다. 늑대 한 마리가 땅에 소변을 여러 차례 뿌리고는 뒷발로 흙을 거칠게 긁으면서 발바닥 샘에서 나오는 자신의 냄새를 묻히는 광경이었다. 이틀 후, 같은 장소에서, 같은 늑대가, 같은 행동을 했다. 오줌을 누고 똥을 싸고 흙을 긁으면서 영역의 경계를 짓는 일은 다른 동족들처럼 늑대에게도 중요한 활동이다. 울부짖는 소리 역시 근처 무리의 개체들에게 그곳은 자신이 점유한 영역이므로 보복당하지 않고 싶다면 무모한 짓을 하지 않는 게 현명하다는 경고를 보내는 것이다.

우리의 고양이들과 개들이 매일 아침 집 안을 한 바퀴 돌아보는 행동을 하듯이 야생동물들은 한정된 자신의 영역 안에서 아주 의례화된 방식으로 움직인다. 이런 행동은 청각, 시각 또는 후각적 신호를 보내거나, 필요하다면 공격적 상호작용을 벌이면서 지리적 영역에서 동족들을 내쫓으려는 목적이 있다.* 외부 개체들의 침입에 맞서 자신의 영역을 방어하는 방식은 위협의 정도에 따라 점점 거세진다. 우선 선제적으로 경계선을 따라 영역을 표시하고, 침입자에 맞서 싸울 때나 최악의 경우 근처에 있는 무리가 일부 영역 또는 전체 영역을 차지하려는 극단적인 상황에 직면할 때에만 공격적인 행동을 개시한다. 이러한 영역 다툼은 아주 중요하다. 지리적 영역을 차지하면 먹이, 번식 장소, 은신처와 같은 필수 자원을 독점적으로 조달할 수 있기 때문이다. 그러나 영역을 방어하는 데 많은 시간과 에너지가 들고, 실제로 싸움이 벌어지기라도 한다면 부상당할 위험도 높아진다. 따라서 개체들은 영역 확보를 통해 자신들이 얻을 수 있는 이익이 그 대가보다 훨씬 크다고 판단될 때만 영역을 만든다.

토머스 홉스는 전쟁 상태란 무리들 간의 폭력 행위에만 한

---

* 사회성 종들에게서만 이런 행동이 보이는 것은 아니다. '단독' 생활하는 많은 종도 자신의 영역이 있다. 하지만 이 책의 나머지 내용처럼, 여기서는 무리 지어 생활하는 동물들만 다루겠다.

정되지 않으며 자신의 영역이 침범당할 위험으로 인해서 모든 수단을 동원해 지켜야 하는 지속적인 긴장 상태로 이해되어야 한다고 강조했다. 이런 점에서 인간과 인간이 아닌 동물종은 영역 행동을 취하기로 결정한 순간부터 유사한 방식으로 대응한다. 다시 말하면, 늑대나 인간이나 소유권을 지키려고 한다. 그리고 위험이 없을 때 동물과 인간은 경계를 늦춘다. 영역 동물들이 당장 눈앞에 위험이 없을 때는 경계선을 최소한으로 줄이거나 버리는 모습이 목격되는 일도 드물지 않다. 시간과 에너지가 비축되어 유익하기 때문이다. 필요하다면 자신의 영역을 방어할 태세를 취하거나 또는 힘의 관계에서 유리할 때 이웃한 동물들을 공격할 태세를 취하는 상황이 언제든 일어나기 마련이므로, 인간이나 동물의 우두머리는 공격에서나 방어에서나 무리의 사기를 북돋는 방법도 알아야 한다.

영역 전쟁의 '침팬지 사례'

1974년 침팬지들이 이웃 무리의 구성원들을 죽이는 사례에 대한 발견,[1] 그리고 인간과 침팬지의 공격이 놀랍도록 유사하다는 점은 전쟁에 관한 '침팬시 사례'를 세우는 데 일조했다. 침팬지 사례는 서로 다른 무리의 개체들 사이에 일어난 살생이 어느 한 무리의 구성원들에게 유리한 적응 전략일 수도 있음을 보여 준다. 아프리카 열대우림에서 침팬지 무리들은 먹이와 암컷을 포함한 자원과 영역을 확보하기 위해 경쟁한다. 수컷들만이 공격에 가담하는데, 이는 인류 남성들의 공격성을 떠올리지 않을 수 없는 당혹스러운 특징이다. 더욱이 이들은 무질서한 방식으로 공격하지 않고, 여러 양상과 상황을 토대로 신중히 숙고한 끝에 전략을 세우면서 대응한다. 따라서 이런 식의 폭력 사태는 무턱대고 벌어진 게 아니고 정면 대결도 아니다. 수컷들은 항상 수적 우위를 활용해 이웃 집단의 구성원들을 공격한다. 무리에서 떨어져 나온 수컷 한 마리가 외부 무리에 맞설 수 없는 약자 위치에 있을 때, 즉 힘의 관계가 불균형할 때만 행동한다. 이런 상황은 공격하는 침팬지들의 부상 위험을 제한하고 원정대의 성공을 보장한다. 더 장기적으로 보면, 침팬지들이 공격하는 목적은 자신들의 수적 우위를 높이고 향후 싸움에서 승리할 수 있는 역량을 키우면서 권력 균형을 자신들에게 유리하게 이동시키는 것이다.

 싸움의 규모를 잘 측정하고 침팬지들의 공격 전략을 파악하려면 제인 구달이 처음 발표한 관찰 기록을 되짚어 볼 필요가 있다. 제인 구달은 "곰베의 4년 전쟁"이라 명명한 침팬지들의 전쟁을 상세히 기록했는데, 실제로 관찰된 공격만을 적은 것이다. 그 공격에서 곰베국립공원의 남쪽과 북쪽 지역에 자리를 잡은 침팬지 무리들이 맞붙었다. 서문에서 언급한 어린 수컷 고디를 죽음으로 몰고 간 첫 공격 행위는 1974년으로 거슬러 올라가지만, 실제로 충돌은 1971년 카세켈라Kasekela 무리에서 알파 수컷인 마이크Mike의 지배가 끝나면서 시작되었다. 무리의 서열 권력이 사라지면서 불안정한 시기가 도래했고 무리가 분열되었다. 새로운 권력이 자연스럽게 나타나지 않으면서 무리의 일부가 곰베국립공원의 남쪽에 자리를 잡았다. 구성원은 휴Hugh와 찰리Charlie 형제, 늙은 골리앗Goliath을 포함한 성체 수컷 여섯 마리와 암컷 세 마리와 그들의 새끼들, 그리고 젊은 침팬지 고디였다. 이들 남쪽 무리는 카하마Kahama 무리라고 불렸다. 그리고 무리의 나머지는 북쪽을 차지했다. 두 무리의 상호작용은 급속도로 적대적으로 바뀌었다. 물리적 공격은 아직 발생하지 않았지만, 보이지 않는 경계선 주위에서 두 무리의 구성원들은 빈번하게 서로에게 경고하고 위협을 가했다. 자신들의 위치를 분명하게 드러내기 위해 주기적으로 북쪽 영역을 침입하는 휴와 찰리처럼, 가장 젊은 수컷들이 앞장서서 자신들이 가진 힘을 확실하게 보여 주곤 했다. 다른 한편으로 북쪽의 마이크와 로돌프Rodolf, 남쪽의 골리앗처럼 나이가 가장 많은 성체 침팬지들은 젊은 침팬지들이 서로 싸우려는 상황에서 심상히 약해진 우호적 관계를 간신히 이어 갔다. 그러나 어린 침팬지 고디의 죽음으로 인해 무리의 비극적 운명은 이제 돌이킬 수 없었다. 출발부터 수적으로 적었던 데다 고디의 죽음으로 세력이 약해진 바람에 그들을 구할 방법은 하나도 없었다. 두 번째 희생자는 데^{Dé}라는 이름이 붙여진 젊은 수컷 침팬지다. 수컷 세 마리와 암컷 한 마리의 무리에 맞서 20여 분 동안 싸웠던 데는 폭력 사태가 일어난 지 한 달 후 사라졌다. 분명 싸움에서 입은 부상으로 희생되었을 것이다. 세 번째 공격은 늙은 골리앗을 겨눴다. 성체 수컷 다섯 마리가 주도한 공격이 굉장히 잔인한 데다, 골리앗은 공격한 침팬지들과 함께 살았고 제인 구달과 가까이 지냈던(그녀가 침팬지들에게 다가가던 초창기, 그녀의 접근을 받아 줬던 두 번째 침팬지) 까닭에 연구자들은 마음이 굉장히 불편했다. 어느 것도 살상을 자행하는 그 광기를 막을 수 없는 것 같았다. 떨어져 나간 무리를 몰살하려고 기존 무리가 일으킨 절멸 전쟁이었다. 남쪽 무리에는 성체 수컷 셋밖에 남지 않았다. 찰리는 다음 공격 대상이었고 휴는 사라졌는데 매복의 희생자가 되었는지 아니면 도망치기로 결심했는지 모른다. 그리하여 남쪽 무리가 파괴되었다. 이 충돌이 일어나는 동안에 카세켈라 무리의 수컷 침팬지들은 카하마 무리의 수컷 침팬지를 전멸시켰고 그들의 영역을 차지했다. 카하마 무리의 암컷 침팬지들도 수컷들의 공격을 받아 두 마리가 죽었는데 그중 한 마리는 소아마비 전염병^{polio}에 걸려 한쪽 팔에

장애가 있는 고령의 암컷 마담 비Bee였다. 다른 세 마리 암컷은 납치당했다. 관찰된 공격적인 행동들은 무리 안에서 벌어지는 단순한 적대적 상호작용과는 거리가 멀다. 여기서 쟁점은 침팬지들끼리 서열을 확립하기 위한 싸움이 아닌 살상을 자행하는 싸움을 벌이는 것이었다. 침팬지들은 적의 영역을 침입해 공격하기로 결정을 내린 다음, 다른 무리들의 개체들을 습격하기 위해서 일렬종대로 은밀하게 전진했다. 그건 우연한 만남이 아니었으며 정찰병들과 행동대원들이 함께 숙고하고 계획한 공격이었다. 평화로운 영장류의 이미지와는 달리, 침팬지들에게서 그들의 사촌인 인간들과 같은 유능한 킬러의 모습이 드러났다.

곰베 침팬지 두 무리의 상황은 우두머리 수컷의 부재로 무리가 표류하는 듯한 예외적인 상황일 수도 있었다. 하지만 아프리카 다른 지역 연구팀들의 연구들은 제인 구달의 관찰들을 확인해 줬을 뿐이다. 침팬지 무리들의 전쟁 상태는 지속적인 것 같다. 미시간대학교의 존 미타니John Mitani는 예일대학교의 데이비드 와츠David Watts, 아칸소대학교의 실비아 암슬러Sylvia Amsler와 함께 2010년 발표한 논문에 똑같은 내용을 기술했다.[2] 그들은 우간다의 키발레국립공원에서 응고고Ngogo 무리를 10년 동안 추적했다. 그 지역에서 가장 세력이 강한 응고고 무리에는 무려 150마리의 침팬지가 모여 지냈고, 이들은 영역을 확장하기 위해 수적 우위를 주기적으로 활용했다. 10년 사이에 응고고 무리의 영역은 이웃 무리에 큰 피해를 입히면서 22퍼센트 증가했고, 21마리가 싸움으로 사망했다. 리처드 랭엄Richard W. Wrangham과 그의 공저자들은 2006년 리뷰 논문[3]에 아프리카 여러 지역에서 발생한 유사한 사건들을 기록했다. 라이프치히 막스플랑크진화인류학연구소의 영장류학과 책임자이자 침팬지 전문가인 크리스토프 뵈슈Chrisophe Boesch는 가봉[4] 또는 코트디부아르의 타이국립공원[5]에서 사람의 존재에 익숙지 않은 여러 무리에서 수컷 침팬지들이 연합을 맺어 살생한다는 사실을 강조했다. 그리고 우간다의 칼린주숲[6]과 콩고공화국의 콘쿠아티둘리국립공원[7]에서 야생 침팬지들과 보존 프로그램 일환으로 풀어 준 침팬지들 사이에 치명적인 만남이 여러 차례 일어났다. 연구원들은 인간들이 나서지 않았다면 숲에 풀어 준 수컷의 40~50퍼센트는 죽었을 것으로 추정했다. 결국 야생 침팬지들이 있는 구역에는 공격이나 죽임을 당할 수 있으므로 수컷 침팬지들을 풀어 줘선 안 된다는 결론을 내렸다. 이러한 연구들은 침팬지들의 폭력은 드문 현상이 아니라 폭넓게 나타나는 경향이라는 것을 분명하게 보여 준다. 침팬지들은 영역을 지키기 위해서 순찰대를 조직하고 경계선을 통제하며 자신들의 위치를 드러내기 위해서 이웃한 다른 침팬지들과 울음소리를 주고받았고, 수적 우위를 활용해 빠르고 반복적인 기습 공격에 나서면서 이웃 무리가 전멸할 때까지 세력을 약화시키려 했다. 침팬지들의 충격적인 행동은 인간의 소행과 유사하고 난폭했기 때문에 큰 반향을 일으켰다.[8] 제인 구달이 침팬지들의 전쟁을 발견한 이후 동물 세계의 '전쟁'이라는 개념은 더 이상 금기 주제가 아닌 연구 주제가 되었다.

동물의 게릴라전

1980년대 말까지 침팬지들을 제외한 동물 세계에서 치명적인 공격은 늑대, 사자 또는 하이에나처럼 몇몇 흔치 않은 육식동물 종에 대한 다양한 자료를 통해 확인되었다. 연구자들은 이들의 공격 방식을 무리에서 떨어져 나간 개체를 표적으로 삼은 '갱단' 기습 또는 매복으로 정의했다. 그리고 수많은 영장류 종들을 대상으로 장기 연구 프로그램을 실시해 다른 유사한 상황들을 기록할 수 있었다. 검정짧은꼬리원숭이*Macaca nigra*는 인도네시아 슬라웨시섬에 사는 마카크종에 속하는 원숭이다. 이들은 많은 암컷, 그보다 살짝 적은 수의 성체 수컷들과 그들의 새끼들로 구성된 무리 속에서 살며 뭉쳐 다닌다. 침팬지들과 달리 검정짧은꼬리원숭이들은 영역을 지기는 종이 아니다. 행동권은 먹이를 찾고 휴식을 취하며 번식하는 등의 활동을 위해 개체들이 쓰는 구역에 해당하는데 이들의 행동권이 다른 무리들과 겹친다. 그래서 일주일에도 수차례씩 서로 빈번하게 만나지만 개체들은 여러 자세를 취하면서 충돌을 피한다. 다른 영장류들과 마찬가지로 이번에도 수컷들이 이런 상호작용에서 더 공격성을 드러내는데, 물론 암컷을 보호하기 위한 행동이다. 게다가 암컷들도 필요한 경우 싸움에 가세한다. 2021년, 라우라 마르티네스이니고Laura Martínez-Íñigo는 13년간 추적한 '갱단'식의 집단 공격 25건을 다룬 연구를 발표했다.[9] 젖 떼지 않은 새끼와 함께 있는 암컷들이 공격 대상일 때를 제외하면 4분의 3은 평균 다섯 마리가 뭉쳐서 단 한 마리를 공격한 사례였다. 표적이 된 검정짧은꼬리원숭이들 중에서 여섯 마리가 공격을 받은 뒤 사망했는데 넷은 젖먹이였고 둘은 성체 암컷이었다. 이러한 결과들은 힘의 불균형 가설을 증명하는데, 이 가설에 따르면 공격하는 개체들의 수가 많아서 공격에 대한 대가를 치르지 않아도 될 경우 갱단식의 공격이 더 잘 발생한다. 무리들 사이에 벌어지는 치명적인 집단 공격은 마운틴고릴라,[10] 다이애나원숭이,[11] 사이크스원숭이[12]에서도 기록되었다. 결국 이러한 전략은 수많은 영장류에게 흔한 일이다.

미어캣들의 의례화된 싸움

수많은 부상자, 심지어 사망자가 발생할 수 있는 총력전에 돌입하기 전에 무리들이 서로를 훑어보면서 의례화되고 계획된 방식으로 싸우는 사례는 자연에서 거의 찾아볼 수 없다. 많은 종에서 기습은 효과가 없을 것이다. 미어캣*Suricata suricatta*의 경우가 그러했다. 미어캣의 경우 공격하는 개체가 거의 눈에 띄지 않고 지나갈 수 없을뿐더러 표적을 놀라게 하면서 얻는 효과도 거의 없다. 육식동물인 작은 포유류 미어캣은 굉장히 개방된 서식지인 남서아프리카의 칼라하리 사막과 나미브 반사막 지역에서 지낸다. 그 유명한 보초병들이 나무 또는 큰 바위의 높은 곳에 뒷발로 서서 자리를 잡고 포식자들과 적들을 항상 감시한다. 정밀한 방어 조직, 수적 힘, 무리들의 동기부여, 개체들 간의 협력이 싸움을 해결하는 핵심 요소다. 미어캣은 사회성 동물이라서 무리의 번식을 책임지는 우두머리 한 쌍을 중심으로 20마리가 무리를 이뤄 생활한다. 무리를 지키기 위한 협력은 무리의 생존에 중요하다. 따라서 높은 곳에 자리를 잡은 보초병들은 서로 돌아가며 토니독수리, 잔점배무늬독수리, 뱀, 고양잇과 동물 등 잠재적 포식자가 나타나는지, 그리고 이웃한 다른 무리들이 침입하는지 감시한다. 영역 내 먹이 자원이 풍부할수록 이 영역에 눈독 들이는 동물들도 많다. 따라서 시간이 많이 들더라도 감시는 필수 활동이다. 게다가 미어캣 중에는 이 임무에 다른 개체들보다 더 많은 시간을 들이는 최고의 보초병들이 있다.[13] 신기하게도 이 최고의 보초병들이 가장 잘 먹는 개체들이기도 하다. 연구자들이 보기에 이 뛰어난 미어캣들은 먹잇감을 찾아서 잡는 데 가장 유능한 개체들에 해당한다. 이들은 먹이를 찾는 데 적은 시간이 들기 때문에 감시에 더 많은 시간과 에너지를 쏟아부을 수 있다.

1993년 '칼라하리 미어캣 프로젝트Kalahari Meerkat Project'[14]가 출범하면서 케임브리지대학교 교수인 팀 클러튼브록Tim Clutton-Brock과 칼라하리연구소Kalahari Research Centre가 함께 여러 미어캣 무리를 장기간 추적하기 시작했다. 10여 년 동안 진행되어 2019년에 발표된 이 연구에는 물리적 싸움이 일어날 수 있는 일련의 사건들이 상세하게 기록되었다.[15]

연구자들은 두 무리가 상호작용할 때 보이는 일련의 획일화된 행동들을 기록했다. 우선 한 무리가 자신들의 영역 또는 경계선에 아주 가까이 접근한 낯선 무리의 위치를 포착하고, 개체들은 다시 모여 빠르게 적들을 향한다. 싸우려는 의도를 분명하게 알리기 위해서 미어캣들은 연구자들이 '전쟁 춤'이라 부르는 행동을 한다. 낯선 개체들에게 다가가면서 두 발로 서 있다가 더 위압적이고 위협적으로 보이기 위해 털을 곤두세우고 꼬리를 하늘로 쭉 뻗은 채 폴짝폴짝 뛰어간다. 긴장이 감도는 그 순간에 침입자들이 후퇴하거나 물리적 충돌이 시작되는데, 관찰된 사례의 86퍼센트 이상 후퇴했다. 싸움은 평균 20여 분 동안 지속되며 무리의 성체 수컷과 암컷뿐만 아니라 어린 미어캣까지 거의 모두가 가세한다. 충돌이 물리적 공격으로 끝나는 경우는 수수에 불과하며, 관찰된 사례의 3퍼센트에서 사망한 미어캣들이 나왔는데 주로 어린 개체들이었다. 싸움의 결말은 개체 수가 가장 많은 무리에게 분명 유리하게 돌아간다. 하지만 무리에 젊은 개체의 수가 많을 때에는 자신의 무리를 지키려는 동기가 더욱 커져서 그런지 예외다. 물리적 충돌이 없다고 해서 영향이 없는 것은 아니다. 가장 약한 무리가 싸우지 않고 후퇴한다면 무리가 가진 영역에서 아주 중요한 영역 일부를 잃을 수 있다.

줄무늬몽구스 전사들, 그뿐 아니라

줄무늬몽구스*Mungos mungo* 무리는 본래 충돌이 잦은 삶을 산다. 대략 10~13마리가 고도로 협동적인 무리를 이루며 사는 이 작은 포유류는 먹이를 확보하기 위해 이웃한 개체들과 계속 경쟁한다. 왜냐하면 영역의 40~81퍼센트를 여러 부리와 공유할 수 있기 때문이나. 이런 환경에서는 어쩔 수 없이 충돌이 일어난다. 그래서 몽구스들은 만날 때마다 거의 항상 물리적으로 충돌한다. 어느 한 무리의 구성원이 경쟁 관계에 있는 무리를 관찰하면 다른 구성원들은 곧바로 경계 태세를 취한다. 그리고 '전쟁 춤'을 추기에 앞서, 적들이 자신들의 의도를 전혀 의심하지 않게끔 '전쟁 울음소리'라는 이름으로 알려진 특유의 울음소리를 내면서 대응한다. 몽구스들의 싸움은 굉장히 난폭하다. 추격하고 물어뜯으면서 수많은 개체가 죽고 대부분 상처를 입는다. 새끼들을 죽이려는 목적으로 적들이 사는 땅굴을 기습하는 몽구스들도 있다. 이런 믿기지 않는 폭력은 의문을 자아낸다.

사회적 행동의 진화는 영국 엑서터대학교에서 중요하게 다룬 연구 주제다. 페이 톰슨Faye Thompson, 루퍼스 존스톤Rufus Johnstone, 마이클 캔트Michael Cant를 비롯한 수많은 연구원이 몽구스 전문가다. 16년 전부터 그들은 우간다에 서식하는 줄무늬몽구스 무리들을 관찰했고, 2017년[16]과 2020년[17]에 발표한 결과는 이 작은 포유류들이 싸우는 동기에 대해 새로운 관점을 가져왔다. 왜냐하면 연구자들은 싸움이 벌어지는 혼돈을 틈타 적과 교미하는 개체들을 발견했기 때문이다. 혼란스러운 와중에 적대 관계인 암컷과 수컷 몇 마리가 교미하고 있었던 것이다. 이론적 설명에 따르면 일부 사회성 집단에서 다른 구성원들이 충돌로 인한 대가를 치르는 동안에 이기적인 우두머리 개체들은 충돌로 인한 이익을 얻는다. 이런 우두머리 때문에 구성원들 간의 싸움

동물 사회의 전쟁

에서 불평등이 발생할 때 심각하게 공격적인 행동으로 번질 수 있다. 연구자들은 몽구스들을 관찰하면서 암컷 몽구스들이 주로 공격을 개시한다는 사실을 알게 되었다. 암컷 몽구스들은 싸움이 한바탕 벌어지는 와중에 외부 수컷들과 교미하며 이득을 얻는 반면, 싸움의 대가는 주로 이 수컷들이 감당하는 것이다.

당근과 채찍

앞서 봤듯이, 규모가 큰 무리가 싸움에서 더 자주 이긴다. 또한 이들은 공격하거나 도발에 대응할 가능성이 가장 높다. 기습에서도 마찬가지여서 개체 수가 훨씬 많을 때 위험 없이 확실한 승리가 보장된다. 그렇지만 가능하다면 싸움에 동참하기를 피하는 개체들이 있어서 집단들의 단결력에 종종 문제가 생긴다. 사실 대규모 집단에서 개체의 참여는 싸움의 활로를 결정하는 데 상대적으로 덜 중요하다. 많은 종에서 이런 동기부여 문제는 강력한 협력 수준을 유지하는 무리 구성원들의 견고한 혈연관계 덕분에 극복된다. 특별한 행동들이 무리에 동기를 부여하는 종들도 있다. 바로 버빗원숭이*Chlorocebus pygerythrus*들이 선택한 집단 전략이다. 에티오피아에서부터 남아프리카공화국에 이르는 아프리카 동쪽 해안에 서식하는 버빗원숭이들은 밝은 회녹색 털이 짙은 얼굴을 돋보이게 해 쉽게 알아볼 수 있다. 또한 사바나부터 도시공원까지 다양한 서식지에 적응하며 낮 동안 바닥에 떨어진 끼닛거리를 찾으며 사는 동물로도 잘 알려져 있다.

버빗원숭이들에게 영역 방어는 모든 개체의 일이라서, 침입이 발생하면 무리 구성원들이 저마다 온 힘을 다한다. 무엇보다 영역 방어는 자원을 지키고 무리의 구성원들에게 먹이를 보장한다. 영역에 자원이 풍요로울수록 영역을 향한 이웃 무리들의 탐욕은 더욱 커진다. 무리가 결속할수록 방어는 더욱 효과적이다. 문제는 개체들 간의 협력이 체계적이지 않다는 점이다. 수십 마리가 무리를 이루고 살면서 절실하게 자신들의 영역을 지키는 버빗원숭이들에게 방어의 논리는 자원자 딜레마의 이론적 예측을 따른다.[18] 즉 참여하는 개체들이 항상 똑같지 않고 소수 비율로 영역 방어에 동참하는 것이다. 버빗원숭이는 공공 자원을 위해서 영역을 지키고 자신의 시간과 에너지를 일부 희생할 것인지, 아니면 다른 개체들이 무리의 안전을 보장하는 데 개입할 것이라고 믿고 아무것도 하지 않을 것인지 언제든 결정할 수 있다. 수컷들은 암컷들보다 몸집이 살짝 크지만 싸움에 동참하려는 큰 의욕을 보이지 않는다. 수컷들은 먹이에 덜 의존하기 때문이다. 그들은 에너지 요구량이 더 적고(데리고 다녀야 하거나 젖을 먹여야 하는 새끼들이 없으므로) 다른 곳에서 자신들의 행복을 찾기 위해 사는 동안 여러 번 무리를 바꾼다. 반면에 암컷들은 자신들이 태어난 무리에서 한평생 살아서 그들의 영역에 깊숙하게 묶여 있다. 그런데 싸움에서 승리할 가능성은 상대 무리의 개체 수 대비 자기편의 참여 개체 수에 좌우되므로 수컷들의 방어 활동 참여는 중요하다. 남아프리카 마와나보호지역에 서식하는 버빗원숭이들의 네 무리를 관찰한 과학자들은 싸움이 발생한 시점 사이 평화기 동안 개체들의 행동과 싸움 참여 여부를 분석했다.[19] 결과는 평화로운 시기에 암컷들은 무리의 모든 수컷에게 똑같은 행동을 하지 않는다는 것을 보여 줬다. 암컷들은 싸움에 동참했던 수컷들의 털을 손질해 주고 이를 잡아 주며 평온한 시간을 보냈고, 반대로 싸움에 불참했던 수컷들을 공격했다. 그 이후 충돌이 일어날 때 무시당했던 수컷들보다 보살핌을 받았거나 공격당했던 수컷들이 싸움판에 더 많이 동참했다. 암컷들의 털 손질과 공격은 수컷들이 싸움에 동참하게끔 유도하는 수단이었다. 암컷 버빗원숭이들은 수컷들의 도움에 기대고 싶다면 당근과 채찍 전략을 써야 한다는 것을 알고 있었다.

수컷들의 복수

이렇게 영역을 방어하는 집단 전략에 대해 알아봤는데, 그렇다면 공격 여부는 어떻게 결정될까? 누가 이웃한 무리들과 전쟁을 선언하고 일으킬까? 싸움을 좋아하는 이들은 누구이며, 항상 위험한 충돌에서 같은 무리 구성원들을 어떻게 이끌까? 같은 무리에 있는 버빗원숭이들 사이의 적대 관계를 자세히 살펴보면서 놀라운 사실들이 밝혀졌다.[20] 수컷들이 이웃한 무리와 충돌하려 했던 암컷들을 공격했고, 그러자 공격 대상이 된 암컷들은 다른 무리들을 향해 덜 공격적인 모습을 보였다. 더 자세히 설명하자면, 수컷들은 싸움을 일으키려 한 암컷들에게는 위압적으로 행동했고, 근래 싸웠던 암컷에게는 응징하는 행동을 했다. 이러한 수컷의 전략은 이웃한 무리들과의 만남이 싸움으로 변질되는 상황을 효과적으로 막았고, 진행 중인 충돌을 자주 해소했다. 비인간 영장류의 새롭게 밝혀진 응징 행동 사례를 통해서 충돌이 발생할 때 암컷과 수컷 사이의 대립된 이해관계가 이렇게 드러났다.

자신의 무리를 보살피다

영역 전쟁은 포유류에게만 해당되는 이야기가 아니다. 자원을 확보하기 위해서 거센 경쟁을 벌이고 자신의 영역을 손톱만큼도 양보하지 않으려는 새들도 있다. 그래서 이웃한 새들과 충돌이 거의 매일 일어나다시피 한다. 사하라 이남 아프리카에 사는 초록낫부리새*Phoeniculus purpureus*의 이야기다. 금속 광택이 나는 진초록빛 깃털에 마름모꼴의 아주 긴 보랏빛 꼬리를 가진 초록낫부리새가 다른 새들과 구별되는 특징은 이런 특유의 아름다움이 아닌, 번식하는 한 쌍을 중심으로 구성된 사회생활에 있다. 초록낫부리새 한 쌍은 2~10마리의 하위 서열 새와 함께 다닌다. 하위 서열의 새들은 새끼 새들을 키우는 우두머리 새 한 쌍을 돕는 조수 역할을 한다. 암컷은 나무의 오목한 공간에 마련한 둥지에서 15일 동안 네 개의 알을 품는다. 무리의 구성원들은 암컷과 그 암컷의 새끼들을 보살피며 새끼들이 독립할 때까지 먹이를 준다. 이 사회성 종도 치열하게 영역을 지키려 해서 무리의 모든 구성원이 싸움에 동참한다. 영역의 경계는 각각의 무리가 가진 힘의 관계에 따라 유동적이고 무리의 규모도 자주 바뀐다. 조수들이 많을수록 무리가 확보한 자원을 지키는 데 수월할 뿐만 아니라 세력권 확장을 꾀하는 데에도 더욱 용이할 것이다. 먹이 자원들이 해마다 크게 변하고 포식 행위가 만연한 적대적인 환경에서는 성체의 3분의 1과 둥지에 있는 새끼들의 50퍼센트까지 사망한다. 달리 말하자면, 한 쌍만 있으면 죽을 위험이 있으나 반대로 조수들을 많이 데리고 있는 건 분명 이롭다. 우두머리는 조수의 수를 늘리기 위해서 외부 조수들을 모집해서 작은 집단의 구성원을 보충하기도 한다. 조수들이 이탈하는 경우를 막아야 하기 때문에 그들을 잘 보살피는 일도 중요하다. 그래서 초록낫부리새들은 영장류의 이 잡기처럼 같은 무리의 한 새가 다른 새의 깃털을 윤이 나게 하는 상호 깃털 고르기를 한다. 그런데 주로 우두머리 암컷과 수컷이 조수들에게 상호 깃털 고르기를 해 준다.[21] 깃털 고르기 행동을 통해서 우두머리 암컷과 수컷은 무리들끼리 충돌했을 때 변치 않는 지원을 한 것에 대한 보상으로 조수들에게 위안을 줄 수 있을 것이다. 그러면 도와준 새들에게 돌아가는 이득은 배가 된다. 경쟁이 치열하지 않은 영역은 흔치 않은 데다 대체로 열악한 환경이다. 언젠가 자신만의 가정을 이루길 바란다면 견고하고 뛰어난 무리 안에서 사는 게 바람직하다. 따라서 열악한 환경 때문에 경쟁이 치열하지 않은 영역에서 자신의 운을 시험해 보는 것보다는 무리 안에서 번식자의 자리가 나기를 기다리면서 다른 무리가 탐내는 영역을 함께 지키고 조수처럼 행동하는 게 더 유리하다.

패배의 맛

싸움에서 진 무리는 어떻게 될까? 자원이 제한된 환경에서 패배한 무리의 구성원들은 어떻게 될까? 승자와 패자를 쉽게 식별하더라도 장기적인 영향을 파악하기란 어려운 일이다. 가장 잘 연구되었고 이해된 종인 침팬지들의 경우, 가벼운 부상을 당하거나 영역에서의 추방, 심지어 사망에 이르는 경우도 있다. 영장류들의 사회적 조직은 적어도 일부는 자원을 위한 경쟁으로 인해 형성된다. 그러므로 영역 전쟁은 지속적이고, 한 무리가 경계선을 넘을 때 물리적 충돌로 변질된다. 패배의 전체 규모를 측정하려면 개체들을 식별하고 추적해야 하며, 그들의 이동과 건강 상태, 향후 번식 상황을 알아야 한다. 하지만 실제 연구 과정은 말처럼 쉽지 않다.

2004년 11월괴 2005년 4월 사이에 미국 인류학자 마거릿 크로풋Margaret Crofoot은 파나마의 어느 숲에서 흰머리카푸친Cebus capucinus 여섯 무리를 추적했다.[22] 크로풋은 이들의 일상적 움직임을 수량화하기 위해 먼저 각 무리에서 뽑은 두 마리의 목에 무선 송신기를 채웠다. 연구 구역에서는 무려 20개의 흰머리카푸친 무리가 자원을 두고 싸웠다. 두 개의 무리가 평균적으로 사흘에 한 번꼴로 만났다. 연구의 결과에 따르면, 충돌이 일어날 때 패배했던 집단들은 싸움에서 승리했던 날과 비교해 500미터 더 떨어진 곳으로 이동했다. 이들은 더 먼 거리를 가기 위해 더 빠르게 움직였고 중간에 멈춰 쉬는 일이 드물었으며 더 늦은 저녁 시간에도 이동했다. 싸움터와 거리를 두고 도망치기 위해 서둘러 발걸음을 옮겼다. 패배한 무리들은 숲에서의 생활 방식을 바꿨는데 그중에서도 잠자리를 바꾸는 경우가 많았다. 패배는 그들이 먹이를 찾을 때 선호하던 곳을 어쩔 수 없이 난넘하게 하고 상대적으로 좋지 않은 다른 구역으로 이동하게 했다. 스트레스를 받은 개체들은 한곳에서 지체하지 않고 먹이를 구하는 장소와 휴식을 취하는 장소를 자주 바꾸는 행동을 보였다. 그런 행동은 패배한 무리들이 상당히 먼 거리를 이동하면서 더 많은 에너지를 소모한다는 사실을 보여 준다. 이런 결과는 번식과 더 나아가 무리의 규모에 영향을 준다.

무리 지어 사냥하는 아프리카 갯과의 리카온[23] 같은 종의 경우 이웃 무리들과의 싸움이 종종 치명적인 결과로 끝나기도 한다. 무리는 구성원들이 여럿 사망하면서 힘이 약해진다. 약해진 무리는 사냥에서 효율성이 떨어지고 하이에나와 사자 등 도둑들에 맞서 먹잇감을 지킬 수 없다. 카푸친, 미어캣, 침팬지, 몽구스, 리카온 등 어떤 종이든 패배한 개체들은 지속적인 영향을 미치는 패배의 순환에 들어설 위험을 안고 있다. 무리의 취약성은 이웃 무리들의 기세를 북돋기 때문에 불가피한 결과의 소용돌이를 피하기가 더욱 힘들어진다. 마지못해 최적의 영역을 버리고, 먹이가 적고 포식자들의 위험에 더 노출된 열악한 지역으로 떠난 패자들이 죽는 건 시간문제다.

QUAND
LES
ANIMAUX
FONT
LA
GUERRE

2장
암수
전쟁

암컷들과 수컷들의 이해관계가 엇갈려 충돌을 일으키는 상황 전반을 통틀어 암수 전쟁이라 한다. 동물 사회에서 새끼 살해는 암수 전쟁의 기본 사례다. 하지만 암수 전쟁은 다른 형태로 나타나기도 한다.

동물종들의 성적 강제는 대중에게 잘 알려지지 않은 주제다. 이 명칭은 대개 수컷인 몇몇 개체가 대체로 암컷들인 상대방의 동의 없이 교미하려는 목적으로 실행하는 모든 행동을 포함한다. 저명한 행동생태학 연구자 팀 클러튼브록과 제프리 파커Geoffrey Parker는 동물 사회에서 성적 강제와 관련된 행동의 세 가지 유형을 자세하게 서술했다.[1] 첫 번째 유형은 협박이다. 수컷들이 압박을 가하고, 자신들과 교미하기를 거부하는 암컷들을 응징하면서 향후 교미할 수 있는 가능성을 높이는 상황에 해당한다. 두 번째 유형은 성적 괴롭힘이다. 암컷들이 수컷들로부터 교미 시도와 공격을 당해 대가를 치르자 곧장 교미하게 되는 상황을 말한다. 그리고 물리적 강압 속에서 강제된 교미에 해당하는 강간이 있다. 자연에서 나타나는 수많은 성적 강제 행동들은 한 개체가 다른 한 개체에게 저지르는 짓이지만, 수컷 무리들이 암컷들을 공격하는 사례도 있다. 마지막으로 더욱 금기되고 정말 거의 언급되지 않은 성적 강제의 유형은 몇몇 종들이 다른 종들에게 성적 강제 행위를 하는 것이다.

새끼 살해 위험에 맞선 암컷들

스기야마 유키마루杉山幸丸 교수는 현대 영장류학의 선구자 중 한 명이다. 1935년 도쿄 태생인 그는 교토대학교의 생태학과 그중에서도 특히 영장류를 연구했다(그는 수영을 그다지 좋아하지 않아서 수중 세계보다 원숭이를 연구하는 쪽을 선택했다고 설명한 바 있다). 영장류학은 영장류에게서 관찰되는 인간적 행동에 관심을 갖는 학문이지만, 스기야마는 자연 속에서 원숭이들의 생태를 연구하고 싶었다. 일본에서 개발된 연구 방식은 연구자들이 주는 식량을 받아 먹은 무리들의 습관화를 기반으로 했는데, 그는 이런 연구가 영장류 사회생활의 일부만 반영한다고 확신했다. 그래서 연구자들이 식량을 주는 구역 밖에서 일본원숭이들을 연구하기로 결심했다. 그리하여 일본원숭이 집단 내 분열 과정을 관찰하고 분석한 최초의 연구자가 되었다. 논문을 준비하는 첫해에 그는 인도 아대륙에 서식하는 원숭이인 북부평원회색랑구르Semnopithecus entellus들이 걸린 전염병에 대해 역학적 추적을 실시했다. 당시 이들 사이에 캬사누르삼림병Kyasanur Forest disease이 창궐해 상당히 많은 원숭이가 죽었다. 인도 남부 마이소르 지역에 도착한 스기야마는 여러 랑구르 무리를 대상으로 광범위한 추적 및 조사를 시작했다. 이처럼 서로 다른 무리에 속한 동족들 사이의 상호작용에 중점을 둔 그의 연구는 그때까지만 해도 단독 무리 내 구성원들 사이의 관계에만 관심을 가졌던 기존 역학 연구와 상반된 시도였다. 랑구르 무리는 대개 우두머리 수컷 한 마리, 하위 서열 수컷들, 암컷들 및 그들의 새끼들로 구성된다. 또한 영역 없이 자신이 지배할 수 있을 무리를 찾으러 이리저리 돌아다니는 짝 없는 수컷들로 구성된 무리도 있다. 연구 과정에서 스기야마는 여러 무리 내에서 우두머리 수컷들이 자주 교체된다는 사실을 발견했는데, 이때 젖을 떼지 않은 가장 어린 새끼들을 향해 극단적인 공격성이 표출되었다. 1965년에 발표한 논문[2]에서 그는 "수컷들 사이의 대립이 해결되자마자 새로운 우두머리가 무리의 모든 젖먹이 새끼를 물어 죽였다. 그런데 이 보고서에서 언급된 30번째 무리에서뿐만 아니라 1963년 3월 첫번째 무리의 사회적 변화에서도 이런 사건을 관찰할 수 있었다. 두 번째 무리에서도 마찬가지였다"라고 기록했다. 자신의 새끼를 구하기 위해서 새로운 전제군주로부터 몸을 숨기거나 무리에서 도망치는 암컷들도 있었다.

이렇게 스기야마는 동물 사회의 새끼 살해를 최초로 기록했다. 그는 새로운 우두머리 수컷의 의도는 자신의 힘을 증명하고 암컷들에게 자신의 영향력을 넓히기 위해서 가장 어린 새끼들을 몰아내려는 것이라고 강조했다. 게다가 새끼를 빼앗긴 어미들이 발정기 징후를 보였고 새로운 우두머리와 교미했다는 점도 기록했다.

1970~1980년대 다른 영장류 종, 사자, 사회성 설치류 또는 돌고래 연구에서 새끼 살해에 대한 증거들이 급증했다. 2014년 케임브리지대학교의 디터 루카스Dieter Lucas와 몽펠리에대학교의 엘리즈 위샤르Élise Huchard는 새끼 살해가 다수 일어나는 종들의 경우 암컷의 수태가 몇몇 수컷들에게만 허용된다는 사실을 밝혀냈다.[3] 한 무리를 통제해야 하는 우두머리 수컷의 능력은 시간 제한을 받는다. 그래서 우두머리 수컷들은 자신이 지배하는 동안 많은 후손을 남기지 못할까 봐, 암컷들을 임신시키

기 위해서 새끼들이 젖을 뗄 때까지 기다릴 수 없는 것이다. 따라서 이전 우두머리 수컷 한 마리 또는 여러 마리에게서 태어난 새끼들을 죽이는 행동은, 시간을 벌고 암컷들이 더 빨리 임신할 수 있게 하기 위한 효율적이고 득이 되는 기법이다. 그렇지만 암컷들은 수동적이지 않다. 예를 들어 암사자들은 자신들의 새끼들과 무리를 적극적으로 보호하기 위해서 필요할 때마다 수컷 사자와 협력한다.[4] 몇몇 종의 경우 암컷들이 효과적인 다른 성적 전략을 취하는데, 새끼들과 아비의 관계에 의문을 품게 하려고 여러 수컷과 교미한다. 암컷들은 아비가 누구인지 흔적을 없애, 자신의 새끼를 죽일 수도 있는 위험을 안게 된 수컷이 섣불리 새끼 살해를 시도하지 못하게 한다. 암컷들은 짝짓기 상대를 늘리면서 수컷들을 군비 경쟁에 끌어들이기도 한다. 이때 수컷들은 가장 많은 정자를 생산해서 정자 경쟁에서 승리하기 위해 각자 가장 큰 고환을 가지려 할 것이다. 영장류에서는 북부큰쥐리머*Mirza zaza*가 그 기록을 보유하고 있다.[5] 마다가스카르의 앙카라파숲에 사는 북부큰쥐리머는 이름에서 떠올릴 수 있는 모습과는 다르게 몸집이 작은 여우원숭이류이고 나무 위에 산다. 암컷과 수컷은 함께 사는 방식에서 특유의 짝짓기 체계를 가지고 있나. 이들은 번식기 동안에 여러 상대와 교미힐 수 있다. 수컷의 고환 크기는 알려진 모든 영장류 종들과 비교해서 지나치

게 크다. 사람의 평균 크기와 비교하면 그 무게가 각각 2킬로그램까지 나가며 자몽보다 더 큰 공 두 개를 가진 것과 같다.

성적 협박

교미하려면 협박하라. 차크마개코원숭이*Papio ursinus*의 좌우명이라 할 수도 있겠다. 남아프리카 고유종인 차크마개코원숭이는 개코원숭이들 중에서도 가장 체격이 좋다. 사바나에 서식하며 송곳니가 상당히 큰 잡식동물인 차크마개코원숭이는 다른 모든 사촌들처럼 수십 마리가 모여 사회성 무리를 이루며 산다. 이 종의 암컷들은 발정기 동안 외음부가 부푼다. 배란이 곧 다가온다는 사실을 수컷들에게 알리는 데 중요한 신호다. 이 전략적인 순간에 대체로 우두머리 수컷이 암컷들을 지키지만 다른 수컷들과의 교미를 막지 않는다. 먹이를 찾으러 다닐 때나 경쟁자들과 싸우는 동안에는 암컷들을 감시하기가 불가능하기 때문에 실상 수컷 한 마리가 여러 마리의 암컷을 동시에 지키기란 정말 힘든 일이다. 그래서 우두머리 수컷의 주의를 다른 곳으로 돌리기 위해서 수컷들은 연합을 결성하는데, 바로 그 시기에 임신 가능한 암컷들을 공격한다.

수컷들이 번식을 위해 곧장 교미하는 게 목적인 성적 괴롭힘과 달리 성적 협박은 향후 번식 활동이 있을 때에만 수컷들에게 유리하다. 공격적인 행동들이 교미로 이어지지 않는다. 수컷들은 공격적인 행위에서 곧바로 이익을 얻지 못하기 때문에, 즉각적인 교미를 위한 성적 괴롭힘이라는 주장은 힘을 잃는다. 하지만 암컷이 난소 주기 동안 수컷에게 공격당할수록 그 암컷은 해당 수컷을 미래의 동반자로 맞이하며, 배란 동안 그 수컷으로부터 보호받을 가능성이 더 높다. 2017년 툴루즈대학교의 알리스 바니엘Alice Baniel이 진행한 연구6에 따르면 암컷들은 다른 수컷들보다 미래의 짝짓기 상대 수컷에게 평균 네 배 더 많이 공격당한다. 따라서 수컷의 공격과 나중에 암컷이 자신을 공격했던 수컷과 교미하여 임신될 가능성 사이에 관계가 있어 보인다. 하지만 이러한 결과는 암컷들이 가장 공격적인 수컷들을 선호하기 때문이라고 할 수 있을까? 만약 그렇다면 가장 공격적인 수컷들의 번식률이 가장 높아야 하는데 그렇지 않다. 공격 정도는 중요하지 않으며, 암컷들이 배란일 며칠 전에 당한 공격들이 결정적인 역할을 한다. 그렇지만 이는 일반적인 규칙의 문제가 아니다. 우간다의 키발레국립공원에 사는 침팬지들에게서 또 다른 사실들이 확인되었다.7 11년 동안의 관찰에서 밝혀진 사실은 암컷들이 배란 주기 내내 자신들에게 가장 공격적으로 행동했던 수컷들과 교미를 더 자주 주도한다는 것이었다. 따라서 영장류가 성적으로 협박하는 행동은 우리의 생각보다 더 빈번할 수도 있다.

성적 협박이 드물 것이라는 추정은 순전히 우리의 착각일 터다. 그러한 행동은 증명도 힘들고 특히나 사회성 동물 무리의 다른 공격적 상호작용과 구별하기도 힘들기 때문이다.

바람피우는 수컷들을 혼내는 암컷 도롱뇽들

일부일처로 사는 종들에게 짝을 이루며 사는 삶이 항상 변함없는 사랑을 의미하는 건 아니다. 생물학자들이 말하는 유전적 일부일처는 암컷과 수컷이 평생 한 개체와만 성적 관계를 가지는 것이고, 사회적 일부일처는 암컷과 수컷 한 쌍이 새끼를 함께 키우지만 여러 짝짓기 상대를 가질 수 있어 그 새끼가 자신의 자식이 아닐 수도 있다. 외도 행위를 막으려고 동물들은 저마다 전략 무기를 사용한다. 예컨대 앞서 봤듯이 수컷들은 암컷들이 다른 수컷들을 만나지 못하게 막으려고 감시하거나, 다른 수컷들과 교미해 임신하는 상황을 막기 위해서 자신의 생식세포를 활용한 정자 전략을 취한다. 학술 문헌에서는 정말 많은 분량을 할애해 수컷의 전략을 치켜세웠지만 암컷의 전략은 거의 언급하지 않았다. 수컷들의 부정한 행동으로 인해서 암컷들은 새끼 돌보기를 비롯해 여러 부분에서 많은 대가를 치르기도 하지만, 다른 한편으로 짝이 바람피우는 행동을 제한하려 애쓴다. 암컷들이 수컷들의 딴짓을 내버려둘 리가 없다.

북아메리카 북동 지역의 숲에 아주 많이 서식하는 붉은등도 롱뇽*Plethodon cinereus*은 자신의 영역을 악착같이 지키는 일부일처 동물종이다. 암컷들이 수컷들을 지키고 불청객 암컷들을 거칠게 내쫓는 건 잘 알려졌지만, 외도한 수컷들의 행동을 본 암컷들의 태도는 오랫동안 수수께끼로 남아 있었다. 2004년 버지니아대학교의 연구자들은 암컷과 수컷의 역할을 바꿔서 협박을 이용한 성적 강제에 대한 가설을 시험해 보고 싶었다.[8] 이와 같은 시나리오에서 수컷들은 다른 수컷들과 외도한 암컷들을 응징하고 자신과만 교미하기를 강요한다. 암컷들이 수컷들을 감시하는 도롱뇽의 경우, 암컷들도 자신에게만 충실할 것을 강요하기 위해 외도한 수컷들을 응징할 수 있을까?

과학자들은 실험에서 여러 수컷의 외도 행위를 조작했다. 목적은 짝이 있는 암컷이 자신의 짝이 바람을 피웠다고 믿게 만들어 반응을 살펴보면서 원래 짝 없이 홀로 지내던 암컷과 비교하는 것이었다. 실험은 세 단계로 진행되었다. 자연에서 채집한 도롱뇽을 작은 상자 안으로 옮기고 6일 동안 파리를 먹이로 주며 환경에 적응하는 단계를 거친다. 짝이 있던 도롱뇽들은 그대로 함께 상자에 넣고, 짝 없이 홀로 지내던 암컷 도롱뇽들은 혼자 내버려뒀다. 두 번째 단계는 짝이 있는 임컷에게 상대의 외도를 경험하게 하는 것이다. 그래서 자신의 짝과 함께 지내던 수컷을 혼자인 암컷 도롱뇽과 함께 두 번째 상자로 옮기고 5일 동안 지내게 했다. 그렇지만 외도의 영향과 수컷이 함께 살던 서식 공간을 단순히 떠난 행동의 영향 사이를 구분하기 위해, 짝을 이룬 수컷을 암컷과 떼어 놓고 따로 지내는 표본도 만들었다. 그리고 채집할 때 짝 없이 홀로 지내던 수컷을 암컷과 함께 두거나 그대로 혼자 지내게 놔두면서 비슷한 실험도 진행했다. 11일째 되는 날, 짝이 있던 수컷 도롱뇽을 원래 짝이 있는 상자로 옮겼고, 짝 없는 수컷들은 새로운 암컷이 있는 상자로 옮겼다. 원래 짝이 있던 암컷들은 자신의 짝이 따로 떨어져 혼자 지낸 경우보다 다른 암컷과 함께 있었던 경우에 더 공격적인 모습을 보였다. 처음부터 짝 없이 혼자였던 수컷들과 있게 된 암컷들은 그 수컷들을 특별히 공격하지 않았다. 짝이 있던 암컷 도롱뇽들은 돌아온 자신의 짝에게 공격적인 태도를 보였다. 암컷들에게는 수컷들이 외도한 것이나 다름없었다. 그러나 특유의 행동은 짝짓기 시기인 가을에만 했고, 번식기가 지난 봄에는 공격하지 않았다. 많은 동물종의 수컷처럼 암컷 도롱뇽은 자신이 짝에게 우선 접근할 수 있도록 공격적인 행동을 보였던 것이다.

폭력적인 돌고래 플리퍼

남방큰돌고래*Tursiops aduncus*는 세상에 가장 많이 알려진 고래류의 한 종이다. 갇힌 환경을 상대적으로 잘 견디며 놀라울 정도로 사진이 잘 받고 복잡한 학습도 가능한 남방큰돌고래는 냉전 시대에는 스파이였고 시리즈 〈플리퍼Flipper〉로 텔레비전 드라마의 스타가 되었으며, 돌고래 공연장에서 착취당했지만 수많은 과학 연구의 대상이기도 했다. 남방큰돌고래는 인지능력, 지능, 신체적 수행 능력, 잠깐이지만 인간과의 여러 만남으로 신화적인 동물이 되었다. 다른 모든 돌고래와 마찬가지로 남방큰돌고래는 한 바다에서 살아가는 상어들과 다르게 우리에게 호의적이다. 하지만 돌고래들의 멋진 세상에는 감춰진 부분이 있다. 돌고래는 부드럽고 섬세한 동물이라는 이미지와 거리가 멀고 굉장히 폭력적인 모습을 보이기도 한다. 영장류처럼 수컷 돌고래는 암컷이 더 빨리 번식하도록 만들기 위해 젖을 떼지 않은 새끼들을 죽인다.[9] 예를 들어 1996년과 1997년 사이에 버지니아 해안에서 뭍으로 올라온 아홉 마리의 새끼 남방큰돌고래가 발견되었다. 모두 머리와 가슴에 집중적으로 상당한 외상을 입었고 갈비뼈 여러 군데가 골절되었으며 폐가 찢어졌다. 이렇게 치명적인 상처는 포식 활동과 관련이 없었고, 배와 충돌하거나 어업 활동으로 인한 것도 아니었다.

어미늘은 새끼가 살해당할 위험을 막으려고 성체 수컷늘과 멀리 떨어져 지낸다. 그래서 남방큰돌고래의 경우 사회성 무리 안에서 성별 분리는 기본 원칙이다. 암컷들은 새끼들을 데리고 암컷들끼리 지낸다. 수컷들은 따로 떨어져 단독 생활을 하기도 하지만 주로 두세 마리 수컷이 작은 무리를 이뤄 연합을 맺는데, 그 끈끈한 관계는 수십 년 넘게 지속된다. 암컷 무리들은 혈연관계로 구성된다. 이런 연합은 포식자들뿐만 아니라 다른 돌고래들로부터 자신들을 지킬 수 있게 해 준다. 그런데 수컷끼리의 연합은 완전히 다른 역할을 한다. 쟁점은 발정기 암컷들에게 다가가는 것이다. 수컷들의 수가 많을수록 암컷들을 찾기가 더 수월하며, 짝짓기를 위해 구애하는 다른 수컷들과 공격적인 충돌이 벌어질 때에도 성공 확률이 더 높다. 하지만 수컷 연합의 역할은 거기서 끝나지 않는다. 또 다른 목적은 암컷들에게 교미를 강요하는 데 있다. 오스트레일리아 뉴사우스웨일스주 서던크로스대학교의 크리스틴 앤 퓨리Christine Ann Fury는 2003년 10월부터 2006년 9월까지 3년 동안 클래런스강 하구에서 수컷 돌고래 무리들을 연구했다.[10] 관찰된 수많은 행동 중에서 성적 강제가 분명하게 드러났다. 구체적으로 설명하자면, 서너 마리의 수컷이 암컷 한 마리를 에워싸고 발기한 음경을 들이밀며 강제로 교미하려 했다. 이런 행동은 놀라운 정도로 빈번하다. 수컷과 암컷 사이에 일어난 상호작용의 76퍼센트가 성적 강제 행동과 관련이 있다. 자세히 설명하면, 수컷들은 발정기 암컷들을 끊임없이 괴롭혔고 이런 식의 상호작용은 한 번에 평균 한 시간 이상 지속되었다. 어린 새끼들을 데리고 다니는 암컷들을 비롯한 암컷 돌고래들은 괴롭힘을 피하기 위해 수컷들이 거의 없는 수심이 얕은 곳을 드나들었다. 그래서 암컷 돌고래들에게 넓은 바다는 두려운 곳이자, 힘센 강간범 수컷들과 주기적으로 충돌하는 장소이기도 하다.

암컷 하이에나 괴롭히기

케냐와 탄자니아 국경에 위치한 마사이마라국립보호구는 세상에서 유일무이하다. 끝없이 펼쳐진 사바나 초원 지대인 마사이마라는 용감한 목축민이자 전사 마사이족에서 그 이름이 유래되었다. 마라강이 가로지르는 이 보호구역은 육상동물들의 대이동이 일어나는 곳 중 하나다. 얼룩말과 함께 수십만 마리의 누가 해마다 남쪽에서 북쪽으로 세렝게티국립공원에서부터 마사이마라국립보호구에 이르는 평원을 통과하는 대이동이다. 이곳은 자연 그대로의 모습을 간직하고 있다. 누들은 수차례 강을 건너야 할 때마다 수백 마리씩 죽는다. 악어들과 청소동물°들이 만나manna°° 같은 이 행운의 먹잇감, 누 떼가 지나는 순간을 기다렸다가 잡아먹으려 한다. 평원 안쪽에 있는 수천 마리의 누 새끼는 사자, 치타, 리카온 같은 포식자들의 먹잇감이 될 것이다. 대대로 생물 다양성이 보전되어 온 마지막 지대 중 한 곳에서 생태 균형이 이루어지고 있다.

점박이하이에나$Crocuta\ crocuta$에게 이 대평원은 편안한 곳이다. 점박이하이에나는 점박이하이에나$Crocuta$속을 대표하는 마지막 남은 종이다. 점박이하이에나 말고도 하이에나종에는 다른 속으로 분류된 전형적인 청소동물이자 변변찮은 포식자인 갈색하이에나$Parahyaena\ brunnea$와 줄무늬하이에나$Hyaena\ hyaena$가 있는데, 점박이하이에나속 계통은 이 다른 두 종의 조상들로부터 1,000만 년도 더 이전에 갈라져 나온 화석종 계통에 해당한다. 그리고 또 다른 하이에나종으로 몸집이 작고 신중한 성격을 지닌 땅늑대$Proteles\ cristata$는 흰개미를 먹는 데 특화되었다. 모든 하이에나종 가운데 몸집이 가장 큰 점박이하이에나만이 유능한 포식자다. 점박이하이에나는 상황에 맞게 먹이를 구하는 방식을 바꿔 때로는 포식자처럼 행동하고 또 어떤 때에는 청소동물처럼 행동하다가 기회가 생기면 절취 기생동물*처럼 먹이를 구한다. 요약하면 점박이하이에나는 짐승의 썩은 고기부터 시

○ 생물의 사체 따위를 먹이로 하는 동물을 통틀어 이르는 말.
○○ 고대 이스라엘 민족이 모세의 인도로 이집트에서 가나안 땅으로 가던 도중 음식과 물이 없어 방황할 때 여호와가 내려 주었다는 음식.
* 절취 기생$kleptoparastism$은 다른 종의 개체가 잡은 먹이를 자신이 먹으려고 도둑질하는 것을 일컫는다.

동물 사회의 전쟁

작해 살과 뼈까지 모든 것을 먹는다. 사랑받지 못하는 이 하이에나는 사바나의 유용한 청소부다.

점박이하이에나의 다른 특징은 동물계에서 가장 집단을 잘 이루며 지내는 육식동물이라는 점이다. 무리를 이루는 구성원의 수는 10여 마리에서 100여 마리까지 다양하다. 점박이하이에나는 고양잇과 동물의 사촌이지만, 신기하게도 이들의 외모와 행동은 갯과, 달리 말하자면 늑대와 개에 가깝다. 이들은 아주 독특하면서 복잡한 발성 덕분에 정체성과 서열을 드러낼 수 있다. 무리 구성은 육식성 포유류 중에서 유일무이하며 영장류의 무리 구성을 떠올리게 한다. 이들의 무리는 유동적이다. 그래서 여유 먹이 자원에 따라 많거나 적은 수의 개체들이 하위 무리로 연합을 맺을 수 있을 뿐만 아니라 단독으로 사냥하기로 결정할 수도 있다. 각 무리에는 성체 암컷 혈통이 하나에서 여럿이며, 암컷들의 새끼와 다른 무리에서 온 몇 마리의 수컷이 포함된다. 무리 내 사회생활은 서열 관계로 이루어지고, 개체들의 사회 서열이 먹이와 다른 자원에 대한 접근 우선권을 결정한다. 점박이하이에나의 세계에서는 수컷보다 몸집이 약간 더 큰 성체 암컷들이 사회적으로 지배한다. 암컷들은 존중받고 두려움의 대상이 되며, 수컷 족속들에게 공격빋는 일이 드물다. 행동생태학 연구자이자 야생 포유류 전문가인 미카엘라 시크만^{Micaela Szykman}은 무리 내 우두머리 암컷들과 수컷들의 상호작용을 11년 동안 분석했다.[11] 모든 점박이하이에나는 사람의 지문처럼 세상에 단 하나뿐인 점박이 무늬로 각 개체가 식별되었다. 하지만 성별은 생식기 형태를 섬세하게 관찰한 뒤 결정해야 했다. 그도 그럴 것이 점박이하이에나 암컷의 음핵은 발기할 수 있는 가짜 음경 형태인데—포유류 중에서 유일한 사례—더 작은 크기와 살짝 더 둥그스름한 귀두로 수컷의 음경과 구분된다. 2003년 발표한 연구 논문에서 시크만은 우두머리를 비롯한 무리 내 암컷들에 대항하기 위해 수컷들이 조직적으로 벌인 공격을 포착했고, 이런 공격이 일어난 이유를 파악하려 했다. 수컷들은 평균 세 마리에서 많게는 여섯 마리까지도 연합을 조직한다. 이런 행동을 어떻게 설명할 수 있을까? 시크만의 연구는 수컷 연합의 공격이 번식하기 적절한 시기에 있는 암컷들에게 집중된다는 사실을 보여 주었다. 수컷 연합은 암컷들을 괴롭히면서 자신들의 반복적인 요구를 따를 것을 강요하고, 암컷들이 저항하더라도 부상을 피할 수 있을 것이다.° 괴롭힘을 피할 최고의 방법은 아주 고약한 정글의 법칙을 따르는 것이다. 이렇듯 점박이하이에나의 세계에서도 수컷들의 연합 무리가 커질수록 괴롭힘도 더 과격해

° 암컷의 몸집이 수컷보다 더 크므로 수컷이 부상당할 위험이 있다.

져 암컷들이 하는 수 없이 교미를 수락할 수 있다. 수컷 돌고래들의 행동과 유사한 이 괴롭힘 문화는 우리 생각보다 동물 세계에 더 널리 퍼져 있을 수도 있다.

오리들의 강제 교미

줄리언 헉슬리Julian Huxley는 1910년에서 1912년까지 옥스퍼드대학교의 베일리얼칼리지에서 강의했다. 유명 과학자와 작가 집안 출신의—할아버지 토머스 헨리 헉슬리Thomas Henri Huxley는 다윈과 가까운 생물학자였고, 아버지 레너드Leonard 헉슬리와 형제 올더스Aldous 헉슬리는 유명한 작가였다—헉슬리는 강의를 맡기 몇 년 전에 베일리얼칼리지에서 동물학과 조류학 분야 연구 장학금을 받았다. 텍사스주 휴스턴시에 위치한 라이스대학교로 떠나기 직전인 1912년, 그는 청둥오리Anas platyrhynchos의 별난 성적 습성에 대한 짧은 논문을 발표했다.[12] 생물학자 엘리 메치니코프Elie Metchnikov*의 표현을 빌리자면, 수컷들과 암컷들 사이의 강요된 관계는 자연의 '부조화'로 묘사되었다. 이 자연의 부조화는 적응 현상으로 개체들에게 해로운 영향을 미친다.

---

* 일리야 일리치 메치니코프Ilya Ilitch Metchnikov(1845~1916), 1908년 노벨 생리학·의학상을 받았다.

그렇지만 청둥오리들의 사랑 이야기는 일부일처 조류종 대부분의 사랑 이야기와 유사한 것처럼 보인다. 적어도 처음에는 그러했다. 수컷은 알을 품을 때와 새끼들을 키울 때 참여하지 않지만 자기 짝에게 상당한 애정을 표현한다는 것이다. 여러분이라면 이런 행동을 사랑의 증표라고 말할 수 있을까? 수컷 오리는 주로 암컷 오리 주변, 둥지에서 멀지 않은 곳에 머문다. 그러다가 암컷이 먹이를 찾으러 멀리까지 날아갈 때 수컷 오리는 주저 없이 암컷을 따라간다. 암컷이 알을 품고 새끼를 키우는 시기가 아닌 경우, 수컷 오리들은 짝의 유무에 관계없이 자신들끼리 무리를 이룬다. 여기에는 시간을 보내려는 목적뿐만 아니라 다른 목적도 있다. 한 암컷이 먹이를 먹으러 둥지에서 멀리 날아오를 때 수컷 짝이 따라붙을 뿐만 아니라 다른 수컷들도 그 암컷을 추격한다. 추격하는 수컷의 수는 10마리가 넘을 수도 있다. 수컷들의 수가 많을 때에는 암컷을 따라잡아서 강제로 물 위에 앉힌다. 곧바로 첫 번째 수컷이 암컷과 강제로 교미한다. 암컷이 발버둥 치고 필사적으로 물 밖으로 머리를 내놓고 있으려 하지만, 수컷이 온몸으로 암컷을 누르며 제압하려 한다. 그 모습은 굉장히 폭력적이다. 첫 번째 수컷이 자신의 일을 끝내자마자 두 번째 수컷이 그 뒤를 잇고 그다음 세 번째 수컷이 온다. 암컷은 지쳐 보이고, 수컷들의 반복되는 공격에 오랫동안 맞설 수 없는 상태다. 집단 강제 교미는 수컷들의 욕구가 충족될 때까지 이어지며 암컷이 익사하면서 끝날 수 있다. 1912년 줄리언 헉슬리는 암컷의 7~10퍼센트가 익사하여 전체 개체군에 상당한 피해를 입힌다고 기록했다.

1970년대부터 오릿과(오리, 거위, 황갈색유구오리, 흰죽지, 같은 오릿과에 속하는 다른 종들을 포함)에서 강제 교미 관찰 기록이 쌓였고, 이는 생물학자들이 생각했던 것보다 더 흔하다는 것을 보여 준다. 프랭크 매키니Frank Mckinney는 공동 연구자들과 함께 1983년에 발표한 논문에서 강제 교미를 하는 종을 39종으로 집계했다.[13] 강제 교미는 아주 잘 정립된 절차에 따라 진행된다. 수컷들은 강제 교미를 시도하기 전에 대개 공중, 육상 또는 수상에서 암컷과 추격전을 벌인다. 암컷이 공격자들로부터 벗어나지 못한다면 곧장 자신과 짝짓기하려 서로 싸우는 수컷들 무리 아래에 놓일 수 있다. 주변 환경이 강제 교미에 영향을 줄 수 있다. 도시공원과 정원이 오리와 거위 개체군을 받아들이면서 성비(수컷과 암컷 수의 비율)의 밀도가 강제 교미의 빈도를 증폭시킬 수 있다. 심지어 완전히 가축화되지 않은 오리들과 거위들이 뒤섞여 사는 생활로 인해서 다른 오리종들 사이에서 강제 교미가 벌어지기도 힌다.

이런 현상을 보면 여러 의문이 생긴다. 자연선택은 개체들에게 나쁜 것을 버리고 좋은 것을 지키면서 각 변이를 선별하는 것이기 때문이다. 결국 자연선택에서 좋은 것과 나쁜 것은 도덕적으로 좋은 것과 나쁜 것이 아니라, 형질들이 개체의 생존과 번식 능력에 미치는 영향을 기준으로 분류된 것이다.

강제 교미 행위를 하는 이유는 많은 학술 문헌의 연구 대상이었다. 1912년 헉슬리는 암컷이 알을 품는 동안 수컷들의 성적 본능이 충족되지 못한 채 이어진다고 봤다. 그래서 암컷은 둥지를 떠날 때 욕구가 채워지지 않은 몇몇 수컷으로부터 추격을 당하곤 한다. 하지만 단지 수컷들의 욕구 불만으로 이런 행동을 설명할 수는 없을 것이다. 이를테면 강제 교미를 한 수컷들이 욕구가 충족되지 않은 짝 없는 수컷들은 아니기 때문이다. 짝이 있는 수컷들도 집단 강제 교미에 동참한다.

많은 연구자가 강제 교미가 번식 성공을 높이기 위한 수컷들의 번식 전략 중 일부라고 하지만, 이런 폭력적인 행동들은 수컷들끼리의 격한 경쟁의 반응으로 공격성을 부추기는 자연선택의 부산물일 수 있다고 강조하는 다른 가설들도 존재한다. 암컷들을 향한 공격성 자체가 자연선택된 게 아니라 번식기 수컷들이 서로의 공격적 행동에 반응하면서 공격적인 행동이 선택된 것이며, 이런 극단적인 공격성은 불행히도 억제할 수 없게 되었을 것이라는 주장이다. 주목해야 할 흥미로운 사실은 수컷들의 고약한 행동에 대한 암컷들의 반응이다. 반응에는 두 가지 유형이 있다. 우선, 강제 교미를 시도할 때 물리적으로 저항하는 유형이다. 이러한 저항은 여러 작용을 일으킬 수 있다.[14] 케임브리지대학교의 동물학자 에마 커닝엄Emma Cunningham은 2003년 청둥오리 암컷들의 저항이 어떤 작용을 하는지 분석했다.[15] 암컷들이 수컷들의 시도에 저항하는 이유는 수컷들의 경쟁을 부추기기 위해서라기보다는 여러 위험한(치명적인 부상, 질병 전염 증가) 교미를 피하기 위해서라는 결론에 도달했다. 2007년 논문에서 퍼트리샤 브레넌Patricia Brennan과 공동 연구자들이 16종을 대상으로 면밀하게 분석한 수컷들과 암컷들의 생식기 형태 변화가 바로 그 증거다.[16] 16종의 암컷들은 원치 않는 수컷들을 저지할 수 있는 질의 특성을 발달시켰다. 연구 대상인 종들의 생식기를 세밀하게 검사해 보니 수컷의 성기가 길고 형태가 정교할수록 암컷의 질은 더 길고 복잡한 형태를 갖는다는 점이 밝혀졌다. 예를 들어 수컷의 음경 삽입을 제한하는 나선형 질도 몇몇 있었다. 정자들을 함정에 빠트리기 위한 진짜 맹낭처럼 다른 여분의 주머니들이 있는 종도 있다. 이러한 형태적 특징은 오로지 강제 성관계의 빈도가 높고 수컷들이 폭력적이라고 알려진 종들에서만 나타났다. 번식을 제어하기 위해, '무기' 경쟁도 진화하는 것이다. 수컷이 암컷에게 교미를 강요하기 위해서 음경을 더 길고 더 정교한 형태로 발달시켰을 때, 암컷들은 강제 교미를 하는 수컷들에 맞서 억제 장치를 발달시키고 자신들의 수정 통제권을 다시 가져온다.

불한당 아델리펭귄

1819년 2월 19일 영국 지질학자 윌리엄 스미스William Smith의 '테라 아우스트랄리스Terra Australis'° 발견은 2세기에 걸친 인간의 모험과 과학 탐험의 문을 열었다. 남극 대륙은 탐험되지 않은 마지막 미개척지였고, 이후 세계 강대국들은 남극 정복에 뛰어들었다. 이러한 분위기에서 1910년, 외과 의사이자 테라노바Terra Nova°° 탐험대원이었던 조지 머리 레빅George Murray Levick(1876~1956) 박사는 남극에서 아델리펭귄Pygoscelis adeliae 군집에 대한 수많은 관찰 일지를 기록했다. 레빅은 아델리펭귄들의 생활, 개체 수, 생태와 행동을 자세히 기술한 책 두 권을 1914년[17]과 1915년[18]에 냈다. 이두 권의 모음집에서 그는 아델리펭귄을 '불한당 수탉'의 행동에 여러 차례 빗대었다. 즉 경험 없는 어린 수컷이거나, 경험은 있지만 적어도 부적절한 성적 행동으로 짝을 이루지 못한 수컷들로

° 과거 유럽인들이 상상한 미지의 남방 대륙. 현재의 오스트레일리아란 명칭의 어원이 되었다.

°° 1910~1913년 로버트 팰컨 스콧이 이끈 영국의 남극 원정을 가리킨다.

분류되는 번식하지 않는 수컷들을 일컫는다. 1911~1912년 11월에서 2월에 걸친 남극의 여름 동안에 레빅은 남극 어데어곶의 군집에서 다른 수컷들과 성관계하는 수컷들을 목격했다. 그뿐 아니라 수컷 펭귄들이 새끼들, 암컷들과도 강제로 성관계를 맺는 모습도 관찰되었다. 이로 인해 상대 펭귄들이 죽을 수도 있었고, 심지어 극단적인 경우에는 죽은 지 1년이 넘은 사체와 성관계하는 수컷들도 있었다. 이런 유형의 발견은 최초였다. 레빅은 그런 수컷 펭귄들을 퇴폐적인 개체들로 분류했다. 아델리펭귄들의 행동이 당시 너무 충격적이라고 판단했던 레빅은 그리스어로 관찰 기록을 작성해 내용에 대한 접근을 제한하려 했다. 1915년 출판된 그의 책에서는 용납할 수 없는 내용으로부터 교양 있는 사회의 미풍양속을 보존하기 위해 펭귄들의 성적 일탈 행동을 기술한 부분이 삭제되었다. 그 당시 유일하게 기록된 내용들은 「아델리펭귄의 성적 습성Sexual Habits of the Adélie Penguin」이라는 제목의 짧은 논문 하나에 담겼다.

레빅의 저서들은 50여 년 동안 어둠 속에 묻혀 있다가 불한당 아델리펭귄 집단의 습성에 관심을 가진 연구자에게 다시 주목받게 되었다. 런던자연사박물관의 조류 큐레이터 더글러스 리셀Douglas Russell이 여러 자료들 사이에서 레빅의 책 한 부를 발견했고 2012년 학술지《폴라 레코드Polar Record》에 이 책을 발표했다.[19] 레빅은 선구자였다. 그는 자신보다 앞서 어느 누구도 관찰하거나 기록하지 않았던 것을 보고 싶어 했고 알고 있었다. 그 내용은 불한당 같은 수컷 무리에 의해 상처를 입은 암컷들이 당한 강제 교미였다. 이러한 현실은 충격적이어서 과학자 다수가 그가 연구를 하는 정당한 근거를 찾으려 할 정도였다. 현재의 생물학자들이 보기에 번식할 수 없는 상태의 수컷 아델리펭귄들이 부적절한 자극들에 적어도 부분적으로 반응했던 것일 뿐이다. 이를테면 상처를 입은 펭귄 또는 바닥에 누운 채 죽은 펭귄은 번식할 준비가 된 온순한 암컷과 많이 비슷하다. 하지만 이런 매우 단순한 설명으로 새끼 펭귄을 향한 공격을 비롯한 모든 관찰 기록을 설명할 수 없다. 오리 연구 사례처럼 성적 공격이 개체들뿐만 아니라 모든 개체군에게 미치는 영향을 평가하는 게 중요하다. 향후 피해를 입게 될 개체들의 방어 전략을 분석하는 것은 매우 중요하기 때문이다.

종들 사이의 특수한 강제 교미 사례

서로 종이 다른 동물들이 구애 행동과 준비 단계를 건너뛰고 교미를 시도하는 경우는 드물다. 강제 교미를 시도하는 상황(늘 그런 것은 아니지만 대개 암컷인 짝짓기 상대가 교미를 받아들이지 않는 상황[20])은 일곱 가지로 구분할 수 있다. 이러한 강제적인 시도는 공격당하는 개체에게 심각한 상처를 입힐 수 있으며 극단적인 경우 죽을 수도 있다. 몇몇 수컷이 흥분해서 이런 탈선 행위를 벌였다고 설명할 수는 없다. 오히려 짝짓기 상대의 부재, 낮은 서열 때문에 암컷들에게 접근이 금지된 어린 수컷들의 성적 욕구 불만이 그 이유다. 이런 행동의 원인이 제법 알려지기 시작했지만 구체적인 공격 양상은 여전히 단편적으로 설명되고 있다.

　내가 대학교 입학 후 첫해에 만난, 물벌렛과^{Asellidae}* 분야 연구로 저명한 세계적 전문가 장폴 앙리^{Jaen-Paul Henry}와 기 마니에 ^{Guy Magniez} 교수는 어떤 종의 수컷들이 보인 특유의 행동에 대한 일화를 내게 자세히 이야기해 주었다. 작은 갑각류인 물벌레 ^{Asellus}의 경우, 교미 전 암컷을 감시하는 수컷의 행동은 흔한 일이다. 일반적으로 개체들은 자신이 속한 종의 구성원에게만 관심을 갖는다. 하지만 두 교수는 아셀루스 아쿠아티쿠스^{Asellus aquaticus} 수컷들과 프로아셀루스 메리디아누스^{Proasellus meridianus} 암컷들 사이의 교미 시도를 관찰하여 기록했다. 암컷들이 교미 시도에 맞서 반항할 때에도 아셀루스 아쿠아티쿠스 수컷들은 큰 몸집으로 암컷들을 제압했다. 수컷들은 두 종의 호르몬 신호가 유사해서 다른 종의 암컷을 같은 종으로 혼동했던 것으로 보

---

* 물벌렛과는 갑각류 등각목에 속하며, 일종의 물에 사는 쥐며느리다.

인다. 어떻게 보면 실수로 교미를 시도한 것이다.

1994년 브라이언 햇필드Briand B. Hatfield와 그의 공동 연구자들은 자연의 성적 잔혹사가 담긴 우화집에서 종들 사이의 강제 교미에 대한 최초 사례 중 하나를 기록했다.[21] 그 이야기는 캘리포니아 해안 채널제도의 여덟 개의 섬 중 하나인 샌니컬러스섬에서 일어났다. 많은 외래종을 뿌리 뽑고, 사라진 지역 동물군을 다시 유입시키기 위해 중요한 복원·생태·보존 프로그램이 1990년대부터 이 섬에서 진행되었다. 이에 따라 연구자들은 수컷 해달Enhydra lutris nereis 30마리와 암컷 해달 110마리를 들인 이후, 다른 행동을 보이는 수컷 두 마리를 관찰했다. 1989년 11월 15일에서 1992년 7월 3일 사이에 'BB' 표시가 찍힌 특정 수컷 한 마리가 아주 어린 잔점박이물범Phoca vitulina 새끼들을 성적으로 공격하는 모습이 여섯 번 목격되었다. 기록된 사건들의 진행 과정은 항상 같았다. 수컷 BB는 낮잠을 자던 잔점박이물범 새끼들을 방해해 바다에 강제로 돌려보내려 했다. 새끼들이 물로 들어가자마자 그 수컷이 새끼들을 향해 달려들었고 해달의 전형적인 교미 자세를 취하며 다리로 새끼들을 붙잡고 머리 부분을 물었다. 어떤 삽입도 관찰되지 않았지만 발기된 음경만 보더라도 해달의 의도는 분명했다. 연구자들은 BB를 우두머리 수컷에 의해서 암컷들 무리에서 추방당해 영역이 없는 젊은 수컷이라고 추정했다.

같은 종 암컷들과 짝짓기할 기회를 잃은 BB는 욕구를 해소하기 위해 새끼 잔점박이물범들을 성적 행동 대상으로 삼아야 했던 것이다. 그런 일은 욕구 불만을 통제할 수 없는 고립된 개체의 문제에서 끝났을 수도 있었다. 그런데 2000년에서 2002년 사이에 유사한 행동들이 캘리포니아주 몬터레이만에서 다른 연구 팀에 의해 관찰되었다.

공격에 대한 자세한 이야기는 논문으로 발표되었고[22] 시사하는 바가 컸다. 적어도 세 마리의 수컷이 새끼 잔점박이물범들을 쉬지 않고 괴롭히고 거칠게 다루며 교미하는 모습이 관찰되었다. 방식은 똑같았다. 새끼 잔점박이물범들은 대개 바닷가에서 휴식을 취할 때 공격당했다. 그리고 이들은 괴롭힘을 당할 때 항상 반사적으로 바다에 다시 들어갔다. 잔점박이물범들은 육지에서 맥을 못 추는 보행자라 공격에 더 취약하지만, 바다는 자신들의 서식지이므로 방어하고 도망치기에 더 편안한 장소다. 하지만 해달들은 공격할 때 물속에서 새끼 잔점박이물범들을 추격하다가 이빨과 앞다리를 써서 새끼들의 머리를 잡았다. 이 일련의 범죄 현장은 '연쇄 살인범'의 소행이라 할 만하다. 연구자들은 몸이 훼손된 새끼 잔점박이물범 사체 15구를 발견했다. 사체에서는 깊게 베인 상처와 코, 눈, 지느러미와 회음부 주변 출혈이 가장 흔히 발견되었다. 정확한 부검을 해 보니, 음경 삽

입의 여파로 질 천공부터 결장과 직장의 천공까지 생식기에 심각한 외상을 입었다는 사실이 밝혀졌다. 성폭력이 벌어졌으며 그 성폭력을 다른 수컷들이 벌였다는 사실은 의심할 여지가 없었다. 죽은 지 7일 이상 된 새끼 잔점박이물범 시체와 교미하는 수컷이 관찰되었을 때 공포감은 극에 달했다.

해달은 일부다처로 생활한다. 즉 한 무리에서 수컷 한 마리가 암컷 여럿을 거느릴 수 있다. 수컷들은 나이, 몸집, 상대적인 신체 모습을 토대로 우위 서열을 세우고, 그 결과 하위 서열 해달들은 같은 종의 짝짓기 준비가 된 암컷들에게 접근이 제한된다. 여기서 사례로 언급한 해달과 잔점박이물범처럼 여러 종의 서식지가 서로 겹칠 때 벌어지는 성적 상호작용은 하위 서열의 수컷이 암컷을 대체할 상대를 찾으면서 벌어진 일이다. 이런 현상을 수년 동안 관찰한 연구자들은 수컷 개체 수가 불균형해져 암컷 사망률이 비정상적으로 증가한다는 사실을 발견했다. 이런 불균형은 암컷과 수컷의 충돌을 높여 수컷 해달들이 암컷들에게 공격적이고 강제적인 교미를 부추겼을 수도 있다. 이렇게 수컷 개체 수가 더 많아진 현상은 유난히 강제 교미 사건들이 많이 기록되었던 캘리포니아주 모스랜딩 주변을 비롯한 몬터레이만 지역에 영역 없이 지내는 수컷 개체 수의 뚜렷한 증가로 이어졌을 수도 있다. 그리고 암컷을 찾을 가능성이 없는 하위 서열의 수컷들은 자신들의 성적 욕구 불만을 새끼 잔점박이물범들에게 터뜨렸을 것이다.

장소는 다르지만 원인과 영향이 똑같은 사례가 있다. 남아프리카공화국 남쪽에 위치한 프린스에드워드제도의 두 섬 중 하나인 매리언섬에서 일어난 일이다. 매리언섬에는 바닷새와 기각류 들이 서식하고 있다. 암석 해안이라 모래사장이 드문 곳이기도 하다. 이곳에서 놀라울 정도로 드문 현상을 관찰할 수 있다. 프리토리아대학교의 연구원인 윌리엄 하다드William A. Haddad는 2015년 발표한 논문에서 성적 강제가 관찰된 네 가지 사례를 자세히 기술했다.[23] 네 사례 모두 수컷 남극물개Arctocephalus gazella가 임금펭귄Aptenodytes patagonicus을 추격해 잡는 동일한 패턴을 따랐다. 남극물개의 경우 암컷과의 정상적인 교미 시간이 2~6분이다. 논문에 쓰인 관찰 기록을 보면 수컷 남극물개는 임금펭귄을 바닥에 눕힌 채 5분 정도의 교미를 반복적으로 시도했고, 중간중간 휴식을 취했다. 두 상황에서 수컷 남극물개의 음경이 임금펭귄의 배설강에 삽입되었는지 확인할 수 없었지만 가능성은 매우 높았다. 이렇게 관찰된 행동은 짝짓기할 짝이 없다는 점으로 설명할 수 있지만, 이것이 유일한 원인은 아니다. 굉재 교미가 벌이진 싱횡들의 시긴적 분포는 힉습 능력으로 유명한 사회성 포유류이자 기각류에 속하는 남극물개들이 강제 교미를 서로 모방한 것일 수 있음을 보여 준다. 즉 연구자들이 생각하기에 임금펭귄들을 공격하는 젊은 수컷들은 우두머리 수컷들의 성적 행동을 모방하려 했을 수도 있다는 것이다.

일본원숭이와 꽃사슴

종들 사이의 강제 성관계에서 일본 야쿠시마섬에 서식하는 수컷 야쿠시마일본원숭이Macaca fuscata yakui와 암컷 야쿠시마꽃사슴Cervus nippon yakushimae의 금지된 관계는 가장 놀라운 이야기 중 하나다. 두 종은 같은 서식지에서 물리적으로 가까이 지냈기 때문에 접근하기 용이했을 것으로 보이며, 일본원숭이들이 꽃사슴의 등에 올라탔던 건 놀이 행동이었을 것이다. 따라서 야쿠시마일본원숭이는 꽃사슴과 교미하는 습성이 있던 게 아니라 곧잘 등에 올라타는 놀이를 했던 것이다. 그 장면은 충분히 놀랄 만하다. 자신이 할 일에 가만히 몰두하고 있던 수컷 일본원숭이가 나무 아래에서 풀을 뜯고 있던 암컷 꽃사슴을 본 것이다. 두 번의 미묘한 움직임으로 수컷 일본원숭이는 암컷 꽃사슴의 등 위로 기어올랐고, 몸을 엎드리며 분명한 교미 움직임을 시작했다. 수컷 일본원숭이의 무게에 짓눌려 휘청거리는 암컷 꽃사슴은 저항하지 않았다. 수컷 일본원숭이가 암컷 꽃사슴의 등에서 내려와 바위 위에 자리를 잡고 제 몸의 이 잡기를 다시 시작하는

데 몇 초밖에 걸리지 않았다. 하지만 암컷 꽃사슴이 항상 온순하진 않기 때문에 반항하고 자잘하게 뒷발질하면서 불청객을 떼어 내려 하기 일쑤였다. 스트라스부르대학교의 마리 플레^{Marie Pelé}는 2017년 논문에서 이 현상을 분석했다.[24] 우선되는 가설은 펭귄과 물개들처럼 짝짓기할 짝이 없다는 것이다. 실제로 이런 행동은 암컷에게 접근이 제한된 수컷들에서 가장 많이 관찰되었다. 일본원숭이의 경우에도 이러한 성관계가 일종의 자위처럼 수컷이 자신의 독신 생활을 보상하기 위한 수단일 것이다.

QUAND
LES
ANIMAUX
FONT
LA
GUERRE

3장
전사 계급의
진화

사회생활의 모든 형태 중에서 진사회성^{眞社會性, eusociality}이라 부르는 사회조직은 동물 사회를 번식 능력이 있는 개체와 번식 능력이 없는 개체로 계급을 나누는 구조를 이룬다. 가장 신비로운 조직임이 분명하다. 특히 벌, 흰개미, 개미에게 발달된 진사회성에는 여러 특징이 있다. 성체 여러 세대가 함께 살고 구성원들 사이에 연대가 아주 강하며 새끼들을 협력해 키운다. 또한 분업은 별개의 계급^{caste}에 속한 개체들의 초전문화를 낳는다. 이러한 사회에는 생식 계급 개미들과 여왕들처럼 번식에 온몸을 비치는 개체들이 있는 반면에, 무리를 유지 관리하고 먹이를 조달하는 일꾼들, 자신의 무리를 보호하거나 다른 무리를 공격하는 데 전문화된 병사들처럼 이타적인 행동들로 온몸을 바치는 개체들도 있다. 많은 특징이 진사회성을 띠는 종과 인간을 구분 짓지만, 우리 인간은 개미, 흰개미, 벌과 유사한 군사전략을 세운다. 그래서 연구자들은 인간 군대에서 쓰는 용어를 가져다 쓴다. 이를테면 곤충 군대에는 정찰병, 병사, 보병이 있고, 그뿐만 아니라 총력전, 중대, 육탄전, 화학무기도 있다. 이러한 군사 용어는 매혹과 공포를 동시에 자아낸다.

인간과 진사회성 종의 유사성은 용어에서 끝나지 않는다. 전쟁 준비 및 참가를 전담하는 개체들이 있는 전문 군대, 공격이 발생할 때 각 개체가 병사로도 활동할 수 있는 징집 군대가 인간과 진사회성 종 모두에게 존재한다. 전문 군대에 부여된 힘은 신기하게도 곤충 세계와 인간 세계에 동일하게 나타난다. 예컨대 흰개미의 경우 한 군락에서 병정 흰개미가 차지하는 비율은 2~5퍼센트다. 이 수치는 국가별 인구 대비 보유 군 병력과 비교해야 한다. 이를테면 프랑스군의 병력은 26만 8,294명[1](장병 20만 5,782명, 군무원 6만 2,512명)으로 경제활동 인구의 1퍼센트를 차지하는데 이는 미국의 경제활동 인구 대비 군 병력 비율(0.83퍼센트)과 유사하다. 전 세계 여러 나라의 군대를 분석한 자료를 보면 인구 대비 군 병력 비율이 0퍼센트인 나라도 있는 반면에 북한의 경우 8.68퍼센트, 국경을 접한 에티오피아와 잦은 전쟁을 벌였

동물 사회의 전쟁

던 에리트레아의 경우 12.8퍼센트에 달한다.[2] 사회성 곤충의 세계에서처럼 인간 세계에서도 충돌이 일어날 위험이 클수록 경제활동 인구에 비해 군 병력이 많다.

개미들의 전술

전 세계에 1만 2,000여 종의 개미가 존재하며 엄청나게 추운 남극 대륙을 제외한 모든 대륙에서 발견된다. 이렇게 엄청난 종의 다양성은 생활 양식의 다양성을 수반한다. 초식성 개미, 농부 개미, 균류 재배 개미, 진딧물 사육 개미뿐 아니라 만만찮은 포식자 개미도 있다. 포식자 개미들 중에서 군대 개미와 약탈 개미는 특히 그들의 특징인 과격한 공격성만큼이나 전술이 매력적이다. 이 개미들의 잘 조직된 군락과 민첩한 행동은 전격전을 생각나게 한다. 실제로 이 종들은 자신들의 사냥감에 도망칠 기회를 좀처럼 주지 않는 집단 사냥 전략을 발전시킨 슈퍼 포식자들이다. 이들이 사냥하는 과정은 항상 똑같다. 정찰병들이 잠재적 먹잇감을 찾으러 군락 주변의 서식지를 배회한다. 먹잇감이 확인된 순간 무리의 나머지에게 알린다. 먹잇감은 대개 거의 움직이지 않는 동물이어서 몇 분 만에 잘리고 뜯어 먹힌다. 약탈 개미처럼 군내 개미는 무리 지어 사냥한다. 하지만 군대 개미는 유랑하고 약탈 개미는 영구적인 개미집을 짓는다. 더욱이 사냥을 위해 발전시킨 무기를 전쟁에 사용한다는 점 역시 인간 세계에서 볼 수 있으니, 우리 인간 입장에서는 당연히 당황스럽다. 그렇지만 전쟁은 포식이 아니다. 그래서 나는 다른 책들에서 자주 언급되는 포식 개미들이 아니라 그들의 사촌뻘 되는 다른 개미들에 대해 이야기하려 한다. 그들이 전쟁을 치르는 이유는 다양하다. 이를테면 자신들의 영토를 지키기 위해서, 더 드문 사례로는 새로운 영토를 정복하기 위해서, 또는 약탈자들에 맞서 자신들의 개미집과 군락을 보호하기 위해서, 아니면 자신들의 자원을 보호하기 위해서다. 이렇듯 개미들은 인간보다 앞서서 공동체를 위한 궁극적 희생이라는 개념을 만들었다.

전쟁을 준비하다

페이돌레 팔리둘라*Pheidole pallidula*는 지중해 지역에 서식하는 아주 흔한 작은 개미다. 새끼를 키우는 능력이 좋기로 유명해서 개미 애호가들을 행복하게 하지만, 지하 통로를 파면서 도망가는 재주가 능한 탓에 힘들게 하기도 한다. 이러한 특성 때문에 페이돌레 팔리둘라는 많은 연구팀이 선호하는 연구 모델이었다. 툴루즈 폴사바티에대학교의 뤼크 파스라Luc Passera와 로잔대학교의 로랑 켈레르Laurent Keller는 개미의 사회성 진화 분야의 탁월한 전문 연구자들이다. 1990년대 말부터 그들은 개미 사회조직에 대한 본질적인 질문을 함께 해결해 보기로 했다. 한 군락에서 일꾼과 병사의 비율이 어떻게 변하고, 개미집 내 계급들은 어떤 과정을 통해 적절하게 분포될까? 1996년 유명 과학 학술지 《네이처Nature》에 그들의 연구가 발표[3]되기 전까지 다양한 계급의 비율은 포식의 위험이나 다른 개미들과의 자원 경쟁의 중요도 등 환경적 요인에 따라 변할 수 있다는 설이 통용되었다. 실험실에서 실제 자연환경과 자연에서 발생하는 상황을 모방하는 것은 굉장한 도전이다. 이전의 다른 연구자들은 종이 다른 개미들끼리 충돌하는 상황을 만들었는데, 두 연구자는 페이돌레종 내에서 다른 군락들 사이의 충돌 위험을 단순하게 만들어 보기로 한 것이다.

군락은 저마다 특유의 탄화수소 혼합물의 냄새를 풍긴다. 페이돌레 개미들은 서로 만날 때마다 '아군'인지 '적군'인지, 자신이 속한 군락에서 온 건지 아니면 낯선 개체인지를 확인하기 위해서 냄새를 비교한다. 서로 구분된 군락 두 곳에 사는 페이돌레 개미들의 충돌은 대체로 개미집에서 먹이를 가져오기 위해 매일 이용하던 길에서 일어났다. 냄새 흔적이 서로 교차하고 결합되어 위험한 만남을 피할 수 없게 되었다. 연구자들의 실험 장치는 이런 자연스러운 상황을 모방했다. 20개 군락의 실험군에서는 먹이 공급 구역으로 가는 통로를 따라 가느다란 망을 놓아 두 갈래로 나눴는데, 이 통로에서 다른 무리의 일꾼개미들 사이에 상호작용이 일어날 수 있었다. 일꾼개미들이 그 통로를 이용할 때 낯선 군락에 소속된 일꾼개미들의 존재를 알아챘다. 가는 망의 구멍을 통해서 개미들이 더듬이와 다리를 넣을 수 있었지만 치명적인 싸움을 피하기 위해서 다른 물리적 접촉을 하진 않았다. 20개의 군락으로 구성된 두 번째 그룹은 대조군 그룹이다. 연구자들은 이 그룹에 똑같은 실험 장치를 설치했지만, 낯선 군락들에 속한 개체들 사이의 접촉을 막기 위해 플라스틱 막으로 통로를 분리했다.

7주 동안 진행된 실험에서, 대조군 군락들보다 낯선 개미들의 존재를 알아챌 수 있었던 실험군 군락에서 병정개미들이 점점 더 빠르게 증가했다. 실험군 군락들은 성체 병정개미들을 두 배 이상 준비했다. 전체 개체 수에서 차이가 없었던 것으로 미뤄 보아 이들은 일꾼개미 등과 같은 다른 계급들을 줄이고 병정개미를 늘렸다. 충돌이 발생할 위험이 상당했기 때문에 스트레스를 받는 상황에서 페이돌레 개미의 군락들은 상황에 적응하기 위해 다른 계급의 비율을 수정하면서 병정개미 생산에 대한 투자를 늘렸다. 이러한 대응책은 상당한 비용을 치르는 것이나 마찬가지다. 병정개미들은 싸우는 것 말고는 다른 건 할 줄 모르기 때문이다. 자세히 설명하자면 병정개미들의 아래턱은 적을 잘라

내는 기능 말고는 다른 기능이 없기에 집안일을 믿고 맡길 수 없다. 전쟁을 준비하는 일에는 대가가 따르는 법이다.

자폭 개미

적어도 1945년 이전에 자신들이 무적이라고 자부하던 일본은 이른바 '가미카제'라고 하는 '신의 바람神風'의 가호가 외세의 모든 침공을 막아 준다고 믿었다. 일찍이 13세기에 태풍 덕분에 몽골 사람들이 탄 배가 부서지면서 사무라이들이 그들을 내쫓을 수 있었고 불멸의 신화가 만들어졌다. 이후 '가미카제'라는 단어는 제2차 세계대전 끝 무렵 비행기를 고의로 적함을 향해 돌진해 자폭한 일본 조종사들을 지칭하며 다시 등장했다. 현재 이 단어는 자신의 목숨을 자발적으로 희생하는 개체를 빗댈 때와 죽기 전에 반대 진영으로 가서 가장 큰 손실을 줄 수 있는 확실한 최후의 수단으로서 실행된 군사전략을 일컬을 때 사용된다.

명주잠자리의 유충인 개미귀신은 최악의 개미 포식자 중 하나다. 개미귀신이 먹이를 잡으려고 푸석한 땅이나 모래를 파서 만든 깔때기처럼 생긴 작은 구멍들이 쉽게 관찰된다. 마침 지나가던 개미들이 그 구멍으로 떨어진다. 개미귀신이 판 덫의 경사면이 가파르고 미끄러워서 개미들은 다시 위로 올라갈 수 없다. 개미귀신은 개미들을 바닥에 빨리 떨어뜨리려고 모래를 던지면서 주저앉힌다. 그리하여 구멍의 바닥으로 떨어진 개미를 곧장 잡는다. 그리고 잘 소화할 수 있도록 개미에게 효소를 주입한 다음 빨아들인다. 이런 포식자를 상대로 어떻게 싸울 수 있을까? 붉은불개미는 방어책을 찾았다. 참고로 붉은불개미라는 이름은 이 개미들이 적에게 굉장히 고통스러운 침을 찌르는 데서 유래했다. 하지만 개미귀신과 싸우는 데 침은 아무런 도움이 되지 않는다. 1981년 두 연구자는 붉은불개미들이 개발한 효과적인 무기를 발견했다.[4] 비밀은 그들의 턱에 있다. 개미귀신에 맞서 붉은불개미들은 무엇보다 놀라운 행동을 보인다. 도망치려 하기보다는 맞서 싸우기 위해 개미귀신 쪽으로 향하며 개미귀신의 거대한 집게에 매달려 거칠게 문다. 그건 자살 공격이나 다름없다. 평균적으로 개미의 92퍼센트가 결국 잡아먹히고, 8퍼센트가 도망치는 데 성공하기 때문이다. 이런 자살행위를 하는 개미들은 아무 이유 없이 죽는 건 아니다. 개미의 머리와 턱이 포식자에게 박혀 있기 때문에 개미들이 죽은 이후 간접적으로 개미귀신에게 해를 줄 수 있다. 개미 몇 마리로 개미귀신을 쓰러뜨리는 데 충분하지 않지만, 개미귀신이 구멍들을 만드는 능력을 방해해 다른 개미들이 겪을 위험을 줄일 수도 있다. 이와 유사한 방어 행동은 자신들의 턱으로 인간의 피부를 꽉 물기로 유명한 멜리포나 벌들에게서 관찰되었다.

다른 개미종의 경우, 보르네오섬의 개미들에게서 싸움의 기술이 확인되었다. 위험에 처했을 때 자신의 몸을 터뜨리는 이 개미들의 능력을 빗대어 라틴어 콜로봅시스 엑스플로덴스*Colobopsis explodens*라는 이름이 붙었다. 이 개미들의 복부는 치명적인 독성 물질을 방출하는 진정한 화학 폭탄이다. 몇몇 흰개미들도 자폭 전략을 보유하고 있으나 아주 이껴서 쓴다. 다른 극단적인 전사 행동은 마다가스카르섬의 말라기드리스 소피나*Malagidris sofina* 개미들이 보여 준다. 이 곡예사 개미들은 땅에서 3미터 떨어진 곳에 개미집을 만드는데 입구가 아주 작은 깔때기 모양이다. 적이 접근하면 곧장 병정개미가 적을 움켜잡고 함께 허공으로 뛰어내린다.[5] 땅에 떨어지자마자 병정개미는 개미집으로 다시 올라가서 깔때기 문지기 자리로 되돌아간다. 이러한 전략은 병정개미의 죽음을 피할 수 있는 덜 극단적이면서도, 벌목 곤충들 세계에서는 효과적이고 독자적인 방법이다.

흰개미들의 전문 군대

평화를 사랑하는 기질이라도 최악의 상황을 대비할 수 있다. 전문 군대 보유는 공격자들에 맞서 자신들을 지키기 위한 득이 되는 전략이다. 군락을 위해 죽을 준비가 되어 있는 헌신직이고 유능하며 강인한 개체들이 항상 있음을 보장한다. 하지만 군대를 생산하고 유지하는 데 비용이 들며, 병사의 수는 금세 군락에서 감당하기 힘든 수준의 부담이 될 수 있다. 이러한 조건에서 흰개미들은 생태 균형을 찾았다. 열대 지역에 서식하며 주로 나무나 부식토를 먹는 사회성 곤충인 흰개미들 중에는 더 건조한 지역에 사는 균류재배자 흰개미들도 있다. 이들은 거대한 흰개미집을 짓고, 그 안에서 식물 찌꺼기를 미리 소화시키는 균류를 재배해 영양분을 잘 흡수할 수 있다.

흰개미들은 일꾼 흰개미, 병정 흰개미, 번식하는 흰개미 세 가지 유형의 개체들이 초유기체superorganism를 이룬다. 일꾼 흰개미들과 병정 흰개미들은 번식할 수 없고, 병정 흰개미들과 번식 흰개미들은 먹이를 알아서 먹을 수 없으며, 일꾼 흰개미들과 번식 흰개미들은 스스로를 지킬 수 없다. 각 계급은 다른 두 계급이 필요하다. 하지만 다른 개미들과 다르게 흰개미들은 평화주의자이며, 흰개미 군대는 오직 방어만 한다. 조류, 포유류, 그리고 특히 다른 개미들에게 흰개미들은 상대적으로 잡기 수월한 먹잇감이다. 밀도가 높은 흰개미 군락은 방어 능력이 없는 개체들이 많다. 자신들을 지키기 위해서 흰개미들은 흰개미들의 생태를 잘 반영한 다양한 방어 형태와 기술을 가진 병정 흰개미들에게 의존할 수밖에 없다. 병정 흰개미들은 흰개미들의 서식지 구조와 구성 요소에 큰 영향을 줘서 '생태계의 기술자들'이라고 불리는데, 실제로 흰개미의 군락 방어는 흰개미집의 구조와 형태, 병정 흰개미들의 행동 사이의 상호작용을 포함하는 통합 전략을 기반으로 한다. 올리비아 숄츠Olivia Scholtz, 노먼 매클라우드Norman MacLeod, 폴 이글턴Paul Eggleton은 2008년 발표한 논문에서 방어 전략과 관련해 병정 흰개미들의 유형별 특징을 자세히 설명했다.[6]

크립토테르메스Cryptotermes속 흰개미들처럼 '하위'로 분류되는 흰개미들은 여러 통로가 연결되어 있는 나무 안에서 산다. 외부로 나가는 입구가 그들의 약점이다. 크립토테르메스속 흰개미들의 경우, 병정 흰개미들은 굉장히 경피화되고 오목하게 튀어나온 원기둥 모양의 머리를 가지고 있는데, 이를 '입구 막기용phragmotic' 머리라고 부른다. 이들은 군락의 입구와 여러 문을 지키는 엄격한 문지기들이다. 아주 사소한 위험 신호에도 자신의 머리로 입구를 막는다. 이는 포식자들에 맞서 밀폐된 물리적 방벽을 만들고 그들에게 최악의 적인 개미들을 비롯한 침입자를 막는 역할을 한다. 이렇듯 모든 전략은 전투를 치르지 않고 흰개미집의 약점을 보완하는 물리적 방어를 기반으로 세워진다.

다른 많은 흰개미종 중에는 일꾼 흰개미들이 먹이를 찾으러 매일 나가는 경우도 있다. 그래서 줄지어 다니는 일꾼 흰개미들은 강력한 턱으로 무장한 기동력을 갖춘 병정 흰개미에게 둘러싸여 보호받을 필요가 있다. 병정 흰개미들의 역할은 일꾼 흰개미들과 흰개미집을 포식자들로부터 지키는 것이다. 턱의 다양한 생김새와 쓰임새는 병정 흰개미들의 다양한 형태와 가능성을 보여 주는 놀라운 카탈로그나 다름없다. 기동력이 거의 없는 보병 흰개미들에게는 으스러뜨릴 수 있는 톱니 모양의 단단한 턱이 있는데, 이들은 전략지에 배치되면 공격 태세로 전환해 적들을 부스러뜨릴 수 있다. 다른 병정 흰개미들은 미늘창처럼 날카롭거나 구멍을 뚫을 수 있는 턱을 가지고 있어 적을 절단하고 아주 작은 위험 신호에도 빠르게 이동할 수 있다. 어떤 병정 흰개미들은 턱을 탄력적으로 비틀어 힘을 축적했다가 갑자기 뒤틀어진 턱을 풀면서 강력한 한 방을 날리기도 한다.

종종 이런 신체적 무기는 턱과 연결된 샘에서 분비되는 화학물질 및 접촉 독과 함께 사용되어 완벽한 병사의 무기를 완성한다. 그래서 전투 중에 혈림프—무척추동물의 혈액—의 응고와 상처 치유를 억제하는 물질이 적들에게 살포된다. 동남아시아에 아주 흔한 흰개미종인 글로비테르메스 술푸레우스*Globitermes sulphureus*의 독성 살포가 좋은 예다. 글로비테르메스 술푸레우스는 복부의 상당 부분에 샘이 있어서, 이 종의 병정 흰개미들이 살아 있는 폭탄으로 변한다. 병정 흰개미는 자신의 복부를 수축시키면서 자살 폭탄처럼 스스로 폭발하고 동시에 적들에게 독성 물질을 뿌린다. 이러한 자폭 전략은 남아메리카 대륙의 프랑스령 기아나에 서식하는 다른 흰개미들에게서도 확인되었다. 이들 흰개미의 일꾼들은 생애 동안 가공할 만한 살아 있는 화학무기로 변하기를 거듭한다.[7] 몇 주 동안 일꾼 흰개미들의 턱은 닳아 떨어지고 일꾼으로서 자질은 쇠퇴하지만, 자신의 몸 안에 독성 무기를 축적한다. 생의 끝자락에서 무능해진 일꾼 흰개미들은 죽을 때까지 자신의 군락을 지키기 위해서 병사로 변모한다. 전사로 바뀌는 일꾼 흰개미들 중 일부는 머리 앞쪽에 돌기가 있어 공격자들에게 화학물질을 뿌릴 수 있다. 독성물질이나 끈적이는 물질을 적에게 분사하는 나수티테르메스 Nasutitermes 흰개미가 여기에 해당된다. 외형과 행동 덕분에 나수티테르메스 병정 흰개미들은 진정한 살아 있는 방어 무기가 된다. 보통 흰개미종은 병정 흰개미들의 몸집이 다양해 크거나 작지만, 나수티테르메스 병정 흰개미들은 대체로 일꾼 흰개미들보다 더 크다. 그런데 병정 흰개미들은 혼자 먹이를 알아서 구할 수 없어서 일꾼 흰개미들로부터 부양을 받으며 먹이를 받아먹는다. 따라서 군락의 입장에서 병정 흰개미들은 감당하기가 힘겨울 수 있으므로 그 수가 너무 많을 수 없다. 흰개미 군락 한 곳의 병정 흰개미 비율은 전체의 1~2퍼센트로 꽤 안정적이지만, 앞서 봤듯이 공격당할 위험이 있는 상황에서 군대가 부족해질 때 수를 늘릴 수 있다. 그 방법 중 하나가 온화한 일꾼 흰개미들이 자폭 전사로 변모하는 것이다.

피에르 앙드레 라트레유의 벌들

1793년 기아나행 유배를 기다리면서 보르도에 있는 아^{Hâ} 성채에 갇혀 있던 사제 라트레유는 작은 초시류를 잡아 마개에 살포시 핀으로 고정시키면서 무슨 생각을 했을까? 프랑스혁명 동안 단지 사제라는 이유로 추방당한 다른 73명과 함께 수감되어 있던 피에르 앙드레 라트레유^{Pierre André Latreille}는 독방에서 곤충을 향한 열정을 품었다. 덕분에 그에게 행운이 뒤따랐다. 그 작은 초시류종 네크로비아 루피콜리스^{Necrobia ruficollis}가 그의 목숨을 구했기 때문이다. 그의 행동이 늙은 주교를 치료하러 온 외과 의학도의 눈길을 끌었다. 라트레유는 그 학생에게 곤충을 선물했고, 학생은 박물학자 장바티스트 보리 드 생뱅상^{Jean-Baptiste Bory de Saint-Vincent}에게 이를 전했다. 라트레유가 감옥에 있다는 소식을 알고 놀란 보리 드 생뱅상은 라트레유를 감옥에서 꺼내기 위해 온갖 수단을 다 썼다. 강제 추방지로 향하는 배에 이미 타고 있던 라트레유는 배가 떠나기 직전에 석방되어 연안에서 작은 배로 옮겼다. 그런데 기아나행 배가 코르두앙 등대가 보이는 곳에서 침몰했고 다른 모든 사제들은 대서양에서 익사했다. 훗날 프랑스 곤충학 설립자 중 한 명에 포함된 '곤충학의 왕자' 라트레유의 생애는 이 파란만장한 구출 일화 하나로 요약되지 않는다. 라트레유는 새로운 종들을 풍부하게 묘사했을 뿐만 아니라 다양한 곤충을 목록화하고 관리하기 위해서 곤충들을 분류했는데 당시만 해도 정말 혁신적인 작업이었다.

라트레유가 발견한 곤충들 중에는 테트라고니스카 앙구스툴라Tetragonisca angustula가 있다. 1811년 그는 남아메리카의 작은 꿀벌이라고 묘사하면서 트리고나 앙구스툴라Trigona angustula라는 이름을 붙였다. 일꾼 꿀벌의 크기는 4~5밀리미터다. 일꾼 꿀벌들은 노란 복부와 검은 머리로 쉽게 알아볼 수 있다. 크리스토퍼 콜럼버스가 아메리카 대륙을 발견하기 이전 시대부터 이 꿀벌들의 꿀은 아주 고품질이고 약용으로 쓰여서 많은 사람이 찾았다. 군락에는 2,000마리에서 1만 마리의 꿀벌들이 있다. 브라질에서는 보통 '자타이Jataí'라 부르는 이 꿀벌들의 벌집 입구는 긴 밀랍 관으로 되어 있다. 이 관을 따라가면 유충들을 키우는 군락의 중심부로 갈 수 있다. 2012년, 연구자들은 테트라고니스카속 자타이 꿀벌들이 자연 포식자들로부터 자신들을 지키기 위해 고도의 방어 체계를 갖췄다는 사실을 발표했다.[8] 이 방어 체계의 기반에는 문지기 역할을 하면서 서로를 보완하는 두 개의 병정 꿀벌 그룹이 있다. 한 그룹은 벌집 관 입구 주변의 공중에 자리 잡고 제자리에서 정지 비행하면서 포식자들의 접근을 감시한다. 그리고 다른 그룹은 2차 방어선처럼 벌집 안과 밀랍으로 된 관 입구의 끝자락 주변에 있다. 연구자들은 이 꿀벌들이 병정 흰개미나 병정개미에게서 목격된 두 가지 특징을 가지고 있다는 사실을 밝혀냈다. 자타이 꿀벌의 경우 문지기 병정 꿀벌이 일꾼 꿀벌보다 무게가 30퍼센트 더 무겁다. 문지기 병정 꿀벌들은 머리가 더 가늘고 다리가 더 길며 더 오래 산다. 그리고 이들은 소수로 키워져 일꾼 꿀벌들의 1~2퍼센트만 차지한다. 이는 개미나 흰개미와 같은 다른 진사회성 곤충들의 경우보다 더 낮은 비율이다. 실제로 자타이 꿀벌들에게 최악의 적은 도둑 꿀벌인 레스트리멜리타 리마오*Lestrimelitta limao*인데, 이 도둑 꿀벌들에 맞설 때 덩치가 가장 큰 자타이 일꾼 꿀벌들도 싸움에 동참한다. 이러한 발견은 새로운 연구의 장을 열었다. 일꾼 꿀벌들의 형태와 크기의 다형성은 이미 잘 알려져 있었지만 그 기능은 최근까지 거의 연구되지 않았기 때문이다. 꿀벌 세계에서 이러한 방어 전략은 우리의 생각보다 더 흔할지도 모른다.

외모만 보면 무해한 진딧물

잘 알려진 사회성 곤충 전체를 통틀어 진딧물은 가장 무해해 보인다. 지칠 줄 모르고 수액을 빨아 먹는 진딧물을 보면 어느 누구도 진딧물이 실제로는 복잡한 방어 조직을 갖추고 있으리라 상상도 하지 못할 것이다. 하지만 진딧물들은 개미, 흰개미, 꿀벌처럼 일을 분담한다. 번식은 성체들의 몫이고, 가장 어린 새끼들인 약충들이 일꾼과 병사 역할을 한다.

일본 진딧물인 가슴진딧물속의 니포나피스 몬제니*Nipponaphis monzeni*는 자신이 기생하는 나무가 큰 벌레혹°을 만들게 유도한다. 속이 빈 구형의 벌레혹은 공격에 대한 반응으로 식물 조직 내에서 자라고 그 안에 수백수천 마리의 곤충이 번식한다. 진딧물 약충*nymph*들은 벌레혹 내벽의 식물 진을 빨아 먹으면서 벌레혹을 먹이 자원과 집처럼 사용한다. 일본의 츠쿠바대학교 산업기술종합연구소 연구원인 쿠츠카케 마야코沓掛磨也子는 식물과 곤충의 상호작용 연구 분야의 전문가로, 최근 발표한 연구에서 모든 약충들이 성체가 되고 번식하기 전에 병사로서 사회적 임무를 수행한다는 사실을 밝혀냈다.[9] 여러 임무 중 하나는 포식자들로부터 벌레혹을 지키는 것이다. 봄이면 애벌레들이 벌레혹 안으로 들어가 진딧물을 먹으려 내벽에 구멍을 내서 벌레혹을 공격하는 일이 드물지 않게 일어난다. 이런 기습이 일어날 때 진딧물 약충들은 식물 조직을 관통해 진을 빨아 먹을 때 쓰는 바

° 식물의 줄기, 잎, 뿌리 따위에서 볼 수 있는 혹 모양의 불룩한 부분.

늘처럼 생긴 뾰족한 주둥이로 침입한 애벌레를 찌른다. 이렇게 먹이를 먹을 때 쓰는 도구가 날카로운 날 같은 무기가 된다. 은신처를 침입하려던 애벌레의 몸은 수백 개의 아주 작은 검에 찔려 구멍이 뚫린다. 이후 작은 병정 약충들은 벌레혹에 난 구멍 주위로 모여 자신들의 분비물을 분사한다. 그 양이 적지 않아서 약충들은 몸 크기 3분의 2를 잃을 수 있다. 약충들은 발로 분비물을 섞어서 식물에 난 상처에 살짝 바른다. 하얀 체액인 분비물은 빠르게 굳어 구멍을 메울 수 있다. 전쟁터로 갔다가 결국 건설 자재로 사용되는 병정 약충들도 있다. 몇 시간 만에 구멍은 응고된 체액 덕분에 메워진다. 이렇게 니포나피스 몬제니 약충들은 병사이면서 건설 노동자였던 로마 군대의 병사들과 비슷하다.

쿠츠카케의 발견은 여기서 끝나지 않았다. 병정 진딧물 약충들이 벌레혹 벽에 바르려고 쓴 체액이 혈구와 페놀산화효소로 구성되어 있다는 사실도 발견했다. 혈구는 어마어마한 양의 지질 방울을 분비하는 세포이고 페놀산화효소는 빠르게 응고될 수 있게 하는 효소다. 혈구와 페놀산화효소는 곤충 면역 체계에서 주춧돌 역할을 한다. 진딧물 약충이 상처를 입으면 혈구가 상처 부위로 가서 터지면서 지질이 분비되고 무른 마개처럼 응고된다. 그다음 혈구는 페놀산화효소를 방출한다. 이 페놀산화효

동물 사회의 전쟁

소는 혈액 분자를 팽팽한 메시 형태로 변형시켜 딱딱한 층을 만든다. 상처를 아물게 하기 위한 진딧물 병정 약충의 면역 체계는 이렇게 군락 방어를 위해 그들이 사용했던 체계와 똑같다. 이는 사회적 면역에 대한 유일한 사례다. 1977년부터 다른 일본인 연구자 시게유키 아오키青木重幸는 여러 진딧물종에서 병정 진딧물의 존재를 발견했다.[10] 병정 진딧물의 외형은 종별로 다르다. 식물의 새싹 잎 끝자락에 사는 진딧물의 경우, 어떤 병정 진딧물들은 적을 찌르기 위해 머리에 뿔 두 개가 달려 있는데, 자신들의 천적인 육식 꽃등에 유충들의 등에 냉큼 올라타 그들에게 심각한 상처를 입히기도 한다. 병정 진딧물들이 죽더라도 자신의 클론들의 무리는 살았다는 게 중요하다.

이름을 잘 지은 딱총새우

바다 깊숙한 곳에서도 같은 이유로 같은 효과가 나타난다. 갑각류들도 진사회성을 보이는 경우가 있다. 몸집이 작은 딱총새우는 해면동물의 수관 안에서 번식 암컷 한 마리 주변으로 수백 마리의 개체가 모여 무리를 만든다. 딱총새우란 이름은 사냥과 방어 기술에서 유래했다. 딱총새우의 큰 집게발이 빠르게 닫히면서 매우 빠른 속도와 높은 압력으로 물이 분사되기 때문이다. 이러한 움직임은 기포를 만들고, 이 기포가 폭발하면서 200데시

벨 이상의 굉장히 큰 소음이 발생해 먹잇감들을 어지럽게 하거나 죽일 수 있다. 에밋 더피Emmett Duffy는 1996년 연구실 실험에서 무리에서 몸집이 가장 큰 구성원들이 무리를 가장 잘 지킬 수 있는 개체들이라는 사실을 발견했다.[11] 딱총새우들에게 가장 큰 위협은 경쟁 무리가 안락한 안식처로 침입해 자신들을 쫓아내는 것이다. 낯선 딱총새우 한 마리가 해면동물의 소공°에 접근할 때 그곳에 거주하는 딱총새우들은 즉각 싸움을 시작한다. 딱총새우들은 집게발을 사용해 침입자가 자리를 뜨거나 죽을 때까지 공격한다. 몸집이 가장 큰 개체들은 가장 작은 개체들보다 두 배 더 자주 침입자들과 싸움을 벌이며, 가장 활동적이고 가장 공격적이다. 딱총새우들은 사회성 곤충들과 똑같이 협동 방어를 한다. 동물 세계의 병정 계급이 우리 생각보다 더 흔하다는 증거다.

클론 군대

기생충을 생각할 때 머릿속을 스치는 첫 번째 이미지는 군대의 보호를 받으며 번식에 전문화된 개체들로 구성된 복잡한 사회 조직의 모습이 아니다. 그렇지만… 몇몇 기생충의 생애를 더 가

° 수관으로 들어가는 입구.

동물 사회의 전쟁

까이에서 관찰해 보면, 겉보기에 가장 정교한 몇몇 종에게만 있다고 오래전부터 여겨지던 진사회성이 기생충들에게도 있다는 사실이 발견된다. 흡충류들은 모든 대륙에 흔한 작은 기생충이다. 생애 주기 동안 여러 숙주를 거치는 습성(다숙주성)으로 잘 알려진 흡충류는 자신이 최종 숙주에 더 잘 도달해 번식하기 위해서 중간 숙주들의 행동을 변화시킨다.[12] 많은 흡충류가 갈매깃과 새들과 늪과 호수에 사는 새들처럼 수중 환경에 종속된 새들을 최종 숙주로 쓰고, 연체동물들을 중간 숙주로 쓴다. 성체 기생충들은 새의 몸에서 번식하고, 새의 대변을 통해 수백만 개의 알을 자연으로 배출한다. 연체동물이 기생충의 알을 하나 삼키자마자 알에서 첫 번째 유충이 나온다. 뒤이어 그 유충은 반복적인 자기 복제를 통한 번식으로 '레디아redia'라는 수천 마리의 유충을 생산한다. 레디아들은 그 뒤를 이어 완벽하게 동일한 다른 레디아들을 생산하거나 '세르카리아cercaria'라는 다른 유충을 생산한다. 세르카리아들은 생애 주기에 따라 다음 숙주를 찾아 자연으로 보내질 것이다. 레디아들은 자신들의 제물이 된 숙주의 몸을 이용하기 위해서 수년 동안 서로 협력해 숙주의 번식을 차단하고 자신들이 증식하기 위해 사용할 수 있는 자원을 가로챈다. 레디아들의 자기 복제를 통한 번식은 감염된 연체동물의 총량에서 41퍼센트까지 차지할 수 있을 정도다.

캘리포니아대학교의 라이언 헤킨저Ryan Hechinger는 긴몸극구흡충Himasthla속 흡충류 무리의 생태를 연구하면서 레디아들에게 두 가지 다른 형태가 존재한다는 사실을 발견했다.[13] 첫 번째 형태는 번식 역할을 맡은 몸집이 큰 레디아들이다. 굉장히 효율적으로 유충을 생산하는 진정한 작은 공장이나 다름없다. 두 번째 형태의 레디아들은 몸집이 훨씬 더 작고 생식능력이 전무하며 입이 제법 크다. 오랫동안 작은 크기의 레디아들은 번식 레디아가 되기 전의 미성숙한 단계라고 여겨져 왔다. 논리적이고 실용적인 관점이었지만, 입이 왜 존재하고 무슨 역할을 하는지 설명되지 않았다.

흡충류 세계에서 여러 종의 기생충들이 같은 숙주에 머무르는 건 드문 일이 아니다. 기생충들의 적대 관계는 대개 둘 중 하나가 사라지는 것으로 끝이 난다. 분명 입으로 무장한 레디아들에게 이득이다. 헤킨저의 연구가 발표되기 전까지 이 작은 레디아들의 정확한 역할이 탐구되지 않았다. 일련의 실험으로 작은 레디아들도 고유의 특징이 많다는 사실이 밝혀졌다.[14] 작은 레디아들은 번식 레디아들보다 훨씬 더 많이 움직이며, 숙주 연체동물의 몸에서도 근육이 무척 발달된 '외투막'이란 부위의 외벽에서 입으로 먹이를 먹으며 머문다. 다른 흡충류들이 침입하는 구역에 이 작은 레디아들이 있는 것이다. 따라서 작은 레디아

동물 사회의 전쟁

들은 경계선 경비 역할을 한다. 이들은 다른 흡충류종에 속하는 레디아뿐만 아니라 자신의 종에 속하며 자기 복제를 통해 번식한 다른 레디아들을 정확하게 공격할 수 있다. 아주 작은 생명체들이 일족을 알아본다는 사실이 인상적이다. 긴몸극구흡충속에 대한 설명이 나온 이후, 두 가지 형태로 자기 복제된 레디아들의 역할을 이해하고 번식 개체와 병정 개체 사이의 일 분담을 발견하는 데 65년 넘게 걸렸다. 아마도 2만여 종이나 되는 기생충 집단에서 이러한 조직 형태는 그리 드물지 않을 것이다. 분명 새로운 사실들이 밝혀질 것이다.

면역 방어: 몸을 위한 군대

2010년 압데라자크 엘 알바니Abderrazak El Albani가 이끄는 푸아티에대학교의 연구팀은 가봉의 프랑스빌 근처에서 21억 년 전 다세포생물의 화석을 발견했다.[15] 모두 400점으로, 이전에 오스트레일리아에서 발견된 에디아카라Ediacara 동물군으로 알려진 화석보다 약 15억 년 앞선 것이다. 다세포생물의 출현은 세포들의 전문화를 수반하기 때문에 진화에서 중요한 과도기다. 단세포생물은 먹이 섭취, 방어와 번식 등 모든 기능을 홀로 감당해야 하지만, 다세포생물은 일을 분담할 수 있다.

다세포생물들의 몸은 여러 방어선을 갖춘 하나의 요새다.

첫 번째로, 절지동물의 각피, 척추동물의 표피와 같은 외피가 외부 세계의 공격으로부터 생물을 보호한다. 안타깝게도 이 외피는 넘을 수 없는 장벽이 아니라서 다세포생물의 취약점이다. 이 첫 번째 방어선을 침투하는 데 성공한 적들과 맞서 싸우기 위해서 다세포생물의 몸은 자신만의 무기인 면역 체계를 갖춘다. 인간의 면역 체계는 몇 분이면 싸움 영역으로 배치할 수 있는 다양한 병정들로 이뤄져 있다. 이 군대의 각 병정은 정확한 일에 전문화되어 있다. 보초병 역할은 혈액 안에서 아주 미세한 위험 신호에도 반응하여 침입자를 공격하는 단핵구가 담당한다. 그리고 이 단핵구가 혈액 안에서 돌아다니다 조직으로 이동해 분화된 대식세포도 우리 조직의 보초병이다. 이 두 세포는 박테리아, 기생충과 바이러스 등을 엄청나게 포식하는 식세포들이다. 이물질의 존재가 감지되어 활성화되자마자, 식세포들은 전쟁을 벌이는 동시에 나머지 무리에게 알리기 위한 신호로서 사이토카인을 보내고 더 전문적인 다른 세포들이 지원군으로 오도록 한다. 더욱이 몸은 특별한 살인자를 가지고 있는데 림프구의 일종인 자연 살상natural killer, NK 세포다. 자연 살상 세포의 임무는 감염된 세포나 종양 세포를 파괴하는 것이다. 이러한 첫 번째 병정 유형은 선천적인 면역 체계를 형성한다. 하지만 훌륭한 군대는 적군에 따라서 행동 방식을 바꾸고 이전 공격으로부터 배우

동물 사회의 전쟁

고 적응할 수 있다. 후천적 면역 체계가 바로 이렇게 적응할 수 있는 전문 군대다. B 림프구는 항체와 함께 침입자들을 식별하고 표시하는 역할을 하며 향후 적군과 더 잘 싸우기 위해서 적군을 기억할 수 있다. 이 적군들이 재발하면 엘리트 부대인 T 림프구들이 합세해 공격자들을 파괴한다. 이러한 분업은 전문화된 세포들끼리의 협력을 기반으로 작동한다. 우리가 곤충 사회에서 발견하는 계급별 전문화와 같다. 흰개미집과 개미집을 종종 초유기체라고 비유하는데, 그들의 작동 방식이 비슷하기 때문이다. 그들의 방어 수단과 병정 군대의 구성에는 공통점이 아주 많다. 개미집이나 흰개미집에서는 개체들이 상호작용하며 서로 돕는다. 보초병들은 감시하고 군락 주변을 정찰하는데 이는 단핵구들이 혈관에서 계속 이동하면서 이물질의 침입을 통제하는 방식과 똑같다. 일꾼들이 일하는 동안 병정들은 아주 작은 위험에도 달려들 준비 태세를 갖추며 대기한다. 모두가 유기체를 지킨다는 단 한 가지 이유만으로 함께 행동하고 의사소통한다는 논리가 척추동물의 몸 안에서처럼 곤충들의 군락에도 똑같이 적용된다.

QUAND
LES
ANIMAUX
FONT
LA
GUERRE

4장
종들의 전쟁:
적과 경쟁자를 제거하라

자연에서 종들 사이의 충돌이 단순히 영역이나 자원을 정복하기 위해 일어나는 것은 아니다. 충돌은 일시적으로 적을 제거하려 하는 종들 사이에서도 일어난다. 죽이기 위해 생물학적으로 무장한 포식자들은 경쟁자나 적을 죽이는 행동을 공통적으로 한다. 초식동물들도 이런 형태의 전쟁을 하기도 한다. 이는 역할들이 뒤바뀔 때 갑자기 일어난다. 집단이 힘을 써서 먹잇감이 사냥꾼이 되고 포식자가 희생자가 되는 경우다.

사자, 하이에나 그리고 아프리카들개. 100년 전쟁
사자, 하이에나, 아프리카들개는 아프리카 대륙의 사회성 육식동물이다. 수사자와 암사자는 각각 하이에나보다 우위에 있지만, 하이에나들의 힘은 무리와 집단 지성에 있다. 셋 중에서 몸집이 가장 작은 아프리카들개의 경우 무리가 개체들의 생존을 보장한다.

세 동물종의 관계에서 벌어지는 폭력을 보여 주는 동물 다큐멘터리가 학술 문헌보다 더 많다. 2018년 BBC 다큐멘터리 전문 채널 어스Earth의 굉장한 시리즈 〈다이너스티Dynasties〉1에서 수사자 한 마리와 하이에나 무리 사이의 놀라운 장면이 포착되었다. 젊은 수사자가 경계선을 통제하고 소변 분사로 자신의 영역을 표시하기 위해 사바나에서 홀로 모험한다. 모두가 자신을 두려워하는 환경에서 고양잇과 동물의 왕에게 무엇이 위험하겠는가? 그렇지만 하이에나 무리가 그 젊은 수사자를 포착했다. 젊은 수사자는 혼자고 하이에나들은 흔치 않은 기회가 왔다는 것을 빠르게 알아챘다. 몇 분 사이에 사자는 하이에나 20마리에 둘러싸였다. 사자는 그렇게 많은 무리에 맞서 오랫동안 자신을 지킬 수 없을 터였다. 사자는 자신의 힘을 보여 줬지만 하이에나들은 경험도 많고 날쌔고 결속되어 있었다. 사자가 하이에나 한 마리를 공격하려 시도하자마자 뒷다리와 옆구리를 물려고 달려드는 다른 하이에나들에게 허점을 보였다. 치명적인 송곳니를 피하려 항상 뒤에서 공격하는 게 하이에나들의 전략이다. 젊은 사

동물 사회의 전쟁

자는 계속 몸의 방향을 바꿨지만 여기저기서 공격당했다. 끈질 긴 하이에나 전사들에게 둔부를 내주지 않으려고 사자는 앉아서 맞서려 애썼지만 하이에나들이 차례로 덤벼들며 이빨로 씨르고 물었다. 당황한 사자는 포효했고, 하이에나 무리를 멀리 쫓기 위해, 지나가던 수사자를 유인하는 데 성공했다. 우리가 가진 자료에는 사자를 죽이는 데 성공한 하이에나 사례는 없다. 하지만 동물 세계를 연구하는 저명한 생물학자 조지 샬러George Schaller가 1972년에 펴낸 책[2]에 따르면 죽은 새끼 사자의 8퍼센트가 하이에나와 표범에 의해 사망했다고 한다. 하이에나의 사망을 보면 상황은 달라진다. 하이에나 전문 학자인 한스 크루크Hans Kruuk[3]는 죽은 하이에나의 55퍼센트가 사자의 공격으로 인해 사망했다는 것을 밝혀냈다. 두 종 사이의 힘에 대한 보고서를 보면 불균형한 전쟁이나 마찬가지다.

이런 우두머리들의 싸움에서 200킬로그램의 사자나 50킬로그램의 하이에나와 비교하면 25킬로그램인 아프리카들개는 깃털처럼 가볍다. 보츠와나와 탄자니아에서 진행된 조사를 보면 사회성 갯과 동물인 아프리카들개의 경우 죽은 아프리카들개의 13~50퍼센트가 사자와 하이에나 때문이었다. 아프리카들개들이 대형 육식동물들을 피할 때, 사자와 하이에나는 아프리기 들개들의 먹잇감을 훔친다. 사자는 물론이고 하이에나는 절취 기생동물로 굉장한 기회주의자들이다. 학술지《아메리칸 내추럴 리스트The American Naturalist》에 1999년 발표된 한 논문은 대륙을 막론한 육식동물들 사이의 지속적인 공격 상태를 설명했다. 붉은여우가 북극여우를 죽이고, 코요테 사망의 43~67퍼센트는 회색늑대와 퓨마에 의한 것이다. 치타는 사자와 하이에나에게 괴롭힘을 당하고 스페인스라소니는 사향고양이와 몽구스를 죽인다.[4] 여기서 공격은 공격자와 그의 새끼들에게 골칫거리를 줄이기 위한 수단이거나, 희생된 동물이 차지하고 있던 먹이 자원을 자신의 것으로 만들기 위한 수단이기도 하다. 그래서 어떤 경쟁자도 감당할 수 없는 포식자 공동체의 무시무시한 모습이 목격되는 것이다. 모든 육식동물은 잠재적인 사냥꾼일 것이다. 하지만 단지 먹으려는 목적만 있는 건 아니다.

유인원들의 싸움

폭력이 삶의 일부인 유인원들이 있다. 보노보와 오랑우탄 무리에서는 공격적인 상호작용이 거의 없지만, 1장에서 봤듯이 고릴라와 침팬지에게서는 여러 사례가 기록되었다. 고릴라와 침팬지는 가장 공격적인 유인원들이어서, 다른 무리에 속하거나 자신들의 공동체 일부인 동종을 공격하고 죽이기 위해 연합을 맺는다. 또한 사냥할 때 폭력이 나타나기도 한다. 침팬지들은 지역에서 얻을 수 있는 먹을거리에 따라 선호하는 먹이가 달라져, 유인원이 아닌 포유류, 몸집이 작은 원숭이들, 새와 파충류 등 굉장히 다양한 먹잇감을 공격하기로 유명하다.

유인원들은 대개 서로 떨어진 지역에서 지내므로 종들 사이에 상호작용이 드물다. 침팬지와 고릴라만이 아프리카 여러 지역에서 이따금 평화롭게 함께 지내기도 한다. 2021년 라라 서던Lara Southern, 토비아스 데슈너Tobias Deschner, 시몬 피카Simone Pika는 가봉의 로앙고국립공원에서 고릴라를 상대로 침팬지들이 벌인 치명적 공격을 이례적으로 관찰해 보고했다.[5] 이 사례는 이례적이고 드문 일이었다. 연구 구역에서는 두 종의 평온한 일상이 규칙인 것처럼 보였다. 레캄보 영역에 서식하던 침팬지 무리와 그들에게 낯선 고릴라들이 평화로운 분위기 속에서 아홉 차례 만나는 것이 2014년부터 2018년까지 관찰되었다. 그중 두 번은 공통으로 선호하는 먹이가 있는 과일나무 주변에서 만났고 이는 잠재적인 충돌 요인이었다. 그리고 2019년, 두 번의 새로운 만남이 치명적인 공격으로 변질되었다. 사건은 대부분의 치명적인 공격이 관찰되었던 레캄보 영역의 바깥 경계선에서 일어났다. 침팬지들이 물리적으로 고릴라들을 공격하게 만든 요인을 파악하고 분석하려면 연구자들이 보고한 사건의 맥락을 읽어야 한다.

2019년 2월 6일 첫 번째 공격이 발생했다. 27마리의 침팬지 무리와 다섯 마리의 고릴라 무리가 연루되었다. 그날 레캄보 무리의 침팬지들이 이웃 영역으로 탐험을 떠났다. 자원이 부족해지고 자신들의 활동 영역을 확장하려 할 때 침팬지들은 이렇게 위험한 작전을 실행한다. 다른 침팬지들과의 접촉 없이 다섯 시간이 흐른 뒤, 탐험을 떠났던 침팬지들은 18마리와 아홉 마리로 나눠서 자신들 영역의 동쪽 경계선으로 돌아갔다. 오후 5시, 가장 수가 많은 무리가 유난히 식물들이 빽빽하게 자라 시야가 제한된 구역을 통과했다. 그때 그들은 고릴라 다섯 마리와 마주쳤다. 이 고릴라 무리에는 성체 암컷 세 마리, 새끼 한 마리, 등에 은빛 털이 난 수컷 한 마리가 있었다. 정말 깜짝 놀랄 일이었다. 연구자들이 측정한 바에 따르면 70제곱미터도 안 되는 협소한 구역이었다. 침팬지 한 마리가 첫 번째로 울음소리를 내자 다른 침팬지들이 연달아 울음소리와 비명을 질렀고, 그러자 고릴라들이 울음소리와 큰소리를 내며 반응했다. 10여 분 동안 긴장이 고조되었다. 침팬지들과 고릴라들은 상당히 혼란스러워하면서 서로 관찰하는 것처럼 보였는데 각자의 역할을 파악하기 힘들었다. 갑자기 등에 은빛 털이 난 수컷 고릴라가 젊은 암컷 침팬지를 허공에 거칠게 내던지면서 공격했다. 수컷 침팬지 아홉 마리가 울부짖고 비명을 지르며 고릴라를 에워싸고 가격하고 달려들었다. 일대일로 대결하면 침팬지들은 고릴라보다 더 강하지 않지만 무리 지어 공격하자 등에 은빛 털을 가진 고릴라는 싸울 수 없었다. 고릴라는 무리의 다른 고릴라들과 30미터 정도 떨어져 있었다. 상황이 진정되었다. 구타는 10분을 넘지 않았다. 연구자들은 오후 5시 22분에 리틀그레이Littlegrey라는 이름을 붙인 싱제 수컷 침팬지를 관찰했다. 리틀그레이는 새끼 고릴라를 잡아 자신 앞에 둔 채 바닥에 앉았다. 새끼 고릴라는 괴로운 울음소리를 냈지만 움직이지 않았다. 이 짧은 충돌이 벌어지는 동안 정확히 무슨 일이 일어났던 걸까? 이 질문에 대답할 수 없으나 아무튼 아기 고릴라가 어미와 떨어져 있었던 건 사실이다. 침팬지 다섯 마리—검프Gump, 응곤데Ngonde와 테아Thea라는 수컷 세 마리, 그리고 세자르Cesar와 시아Sia라는 청소년 침팬지 두 마리—가 아기 고릴라에게 다가가 살펴봤다. 수 분 동안 그들은 아기 고릴라를 두고 서로 다투는 것처럼 보였는데 리틀그레이가 그 옆에서 아기 고릴라를 지키고 있었다. 리틀그레이는 아기 고릴라의 냄새를 킁킁거리며 맡다가 자신 앞에 두고 오른손으로 세 차례 때렸다. 아기 고릴라는 아직 살아 있었고 울음소리가 여전히 들렸다. 아기 고릴라의 괴로운 울음소리가 마지막으로 들린 다음 덤불숲 근처에서 신음 소리가 들렸지만 이미 고릴라는 새끼를 위해서 마땅히 할 수 있는 게 아무것도 없었다.

수컷 침팬지 응곤데가 아기 고릴라의 한쪽 다리를 잡아 수 미터를 끌고 갔다. 그런 다음 차례로 청소년 암컷 침팬지 클레시아 Clessia가 아기 고릴라를 잡았다. 아기 고릴라는 울음소리를 내지 않았고 죽은 것처럼 보였다. 20분 동안 클레시아는 숨이 끊어진 아기 고릴라를 가지고 놀았다. 충돌이 일어난 지 50분 후, 약 40미 터 떨어진 곳에서 수컷 고릴라가 가슴을 치는 묵직한 소리가 들 렸고, 그 소리와 함께 고릴라 무리도 멀어졌다. 연구자들이 구역 을 떠날 때에도 여전히 암컷 침팬지 클레시아가 아기 고릴라를 가지고 있었다. 이 첫 번째 충돌의 결과는 여러 흔적을 남겼다. 다른 젊은 침팬지 지아Gia는 등에 은빛 털이 난 고릴라를 공격할 때 심각한 부상을 입었고, 다른 수컷들도 상처 자국이 있었다. 누가 이 첫 번째 공격을 주도했을까? 막강한 공격과 대응으로 유명한 고릴라들은 위험하다고 느끼지 않는 상황에서는 오히 려 침착하다. 육식 성향으로 잘 알려진 침팬지들의 위압적인 무 리에 맞서 자신들이 위험하다고 느꼈을까? 이 첫 번째 충돌은 해답보다는 궁금증을 더 많이 남겼다.

10개월 후 2019년 12월 11일, 두 연구팀은 자신들 영역의 북 쪽 경계선 방향으로 이동하는 27마리의 침팬지 무리를 추적하 고 있었다. 그들의 행동에 의도가 있으리라는 의심은 전혀 들지 않았다. 땅바닥에 자주 코를 대고 킁킁거리며 냄새를 맡고 경계하는 행동은 영역을 순찰하는 신호였다. 12시 26분, 무리의 우두머리 수컷 프레디Freddy가 갑자기 멈추고 위험을 알리는 울음소리를 여러 차례 냈다. 무리는 가만히 있었다. 침팬지들은 순간 움직임을 멈췄고, 우두머리를 뒤이어 위험을 알리는 울음소리를 내는 침팬지들도 있었다. 그들 앞에 있던 잎들이 움직였다. 그리고 임컷 고릴라가 나무에서 나타났다. 침팬지들은 가까이 다가갔다. 호기심 가득하고 흥분한 상태였다. 나무 위쪽에서 가슴을 치는 소리가 울려 퍼졌고 연구자들은 나무에 있는 다른 여섯 마리의 고릴라를 확인했다. 그중에는 등에 은빛 털이 난 수컷 고릴라와 성체 암컷 고릴라 두 마리, 새끼 고릴라들과 청소년 고릴라 한 마리가 있었다.

12시 30분, 침팬지 네 마리만 땅에 머무르고 나머지는 그 주변 나무들을 올라탔다. 첸지Chenge라는 이름의 수컷 침팬지 한 마리가 더 대담하게 고릴라들이 있는 나무로 올라, 등에 은빛 털이 난 수컷 고릴라와 새끼와 함께 있는 암컷 고릴라가 있는 곳으로부터 5미터도 채 안 되는 지점까지 갔다. 침팬지들에게 둘러싸인 고릴라들은 걱정이 현실로 다가오자 위험을 알리는 울음소리를 수차례 냈다. 등에 은빛 털을 가진 수컷과 새끼들을 데리고 있는 두 암컷 고릴라는 저음에 나무 위쪽에서도 더 높은 곳으로 이동했지만 나무들의 꼭대기는 막다른 길이었다. 도망치려면 위험을 무릅쓰고 지나가는 것 말고는 다른 방법이 없었다. 더 늦기 전에 결단을 내려야 했다. 12시 36분, 등에 은빛 털이 난 수컷 고릴라가 재빠르게 나무에서 내려와 덤불숲으로 도망치면서 다른 고릴라들에게 빠져나올 길을 보여 줬다. 1분 후, 암컷 두 마리 중 하나가 배 아래로 새끼를 품고 내려갔다. 암컷은 곧바로 침팬지 무리에 추격당했고, 둘러싸인 채 공격받았다. 두 수컷 침팬지 판디Pandi와 테아가 지나가는 암컷 고릴라를 막았고 소리를 지르며 나뭇가지를 집어 땅바닥에 쳤다. 수차례 테아는 암컷 고릴라에게 다가가 새끼를 잡아채 가려 했다. 세 번째 수컷 검프가 새끼를 잡았지만 어미가 맹렬하게 새끼를 끌어당겨 꽉 붙잡았다. 그녀의 방어는 효과적이었고, 앞서 은빛 털의 고릴라가 지나갔던 길을 따라 도망치는 데 성공했다. 하지만 침팬지들의 관심은 이미 다른 곳에 가 있었다.

고릴라들의 비명과 울음소리가 수십 미터 밖에서도 들렸다. 두 번째 암컷 고릴라와 새끼는 첸지, 검프, 리틀그레이, 루이스Louis, 응곤데, 오리언Orian, 판디와 테아 등 성체 수컷 침팬지 여덟 마리와 청소년 암컷 침팬지 그레타Greta에게 둘러싸여 나무에 고립되었다. 첫 번째 암컷에게 했던 공격과 마찬가지로 새끼가 공격 목표인 듯했다. 수컷 침팬지 네 마리가 암컷 고릴라에게 다가갔다. 암컷 고릴라는 배에 새끼를 꼭 품고 팔을 휘저으면서 침

동물 사회의 전쟁

팬지들로부터 멀어지려 했다. 리틀그레이, 검프, 응곤데와 테아 이렇게 침팬지 네 마리는 이미 10개월 전에 벌어진 첫 번째 공격에 연루되어 있었다. 위험이 가까워졌고 결말은 피할 수 없는 듯했다. 빠른 움직임으로 암컷 고릴라가 새끼를 배 아래로 품고 땅바닥으로 이동했는데 나뭇가지들과 리아나가 얽혀 있는 곳에서 꼼짝 못 하게 됐다. 암컷 고릴라는 2분 동안 연구자들의 시야에서 사라졌다. 12시 50분, 연구자들이 다시 찾아낸 암컷 고릴라는 새끼 없이 근처 나무로 뛰어오르고 있었다. 배에 크나큰 상처를 입고 죽은 새끼 고릴라를 젊은 수컷 침팬지 세자르가 잡고 있었다. 곧 다른 수컷 침팬지가 그 새끼 고릴라를 잡아챘다. 뒤이어서 암컷 침팬지가 새끼의 손과 내장을 먹었고 다른 암컷 침팬지가 사체의 나머지를 가져갔다. 이후 연구자들은 내장 대부분과 두 다리, 뇌가 먹힌 새끼 고릴라를 발견했다.

유난히 폭력적인 이 두 차례의 공격에서 어떤 결론을 내릴 수 있을까? 두 충돌에서 침팬지들은 수적으로 훨씬 많았고 새끼 고릴라 두 마리가 목숨을 잃었다. 등에 은빛 털이 난 수컷 고릴라의 존재도 공격을 막지 못했던 것 같았고, 수적 우위를 믿은 침팬지들은 무리를 지키던 수컷 고릴라를 도망치게 했다.

하지만 이런 공격을 어떻게 설명할 수 있을까? 분명 포식이 목적은 아니었다. 작은 포유류를 사냥하기로 결정했을 때 침팬지들은 특유의 행동을 취한다. 조용히 침착하게 나무 위쪽에서 나는 소리와 움직임에 극도로 주의를 기울인다. 이들은 사냥할 때만 쓰는 특유의 소리를 내면서 의사소통을 한다.[6] 그런데 고릴라를 상대로 두 차례의 공격을 가했을 때 침팬지들은 소란스러웠고 거의 조심하지 않았다. 더욱이 두 번째 공격에서 잡은 새끼의 신체 일부를 먹은 행동은 고립된 개체가 하는 행동이다.

침팬지들의 행동은 두 종의 경쟁으로 설명될 수 있을 것이다. 레캄보 집단의 침팬지들은 일곱 개의 고릴라 무리들과 영역을 부분적으로 공유하고 있었다. 고릴라와 침팬지는 먹이 종류가 같지 않고 서로 피하며 지낸다. 하지만 먹이가 부족한 시기에는 더욱 얻기 힘들어진 먹이 자원을 두고 경쟁할 수 있다. 두 번의 치명적인 만남이 있었던 2019년 2월과 12월은 먹이가 부족한 시기였다. 먹이 부족으로 고릴라와 침팬지들은 어쩔 수 없이 더 자주, 더 먼 거리를 이동해야 했고 당연히 두 종의 마찰 가능성도 높아졌다. 반대로 평화로운 만남이 4월에 두 차례 있었는데, 이때는 먹이가 풍부한 시기였다. 이러한 현상은 먹이가 귀해질 때만 경쟁자들을 공격하는 성향을 가진 육식동물들에게서 잘 발견된다.

현재 진행 중인 기후변화로 인해 가봉 숲의 열매 생산이 국지적으로 급락하고 있다. 열매 감소는 침팬지와 고릴라의 경쟁

동물 사회의 전쟁

을 부추길 수 있으며, 평화롭게 함께 지내는 두 종이 가까운 미래에는 서로를 공격하게 만들 수 있다.

사바나의 한가운데서 벌어진 복수전

아프리카물소*Syncerus caffer*는 아프리카 대륙에서 가장 흔한 유제류 동물 중 하나다. 사하라 사막부터 남아프리카공화국까지 아프리카물소는 늪지대와 범람원은 물론 초원과 우림, 사바나에 이르는 지역에서 50마리에서 3,000마리에 달하는 큰 무리를 이루며 지낸다. 우위 관계가 이들의 작은 사회조직을 구성한다. 암컷들은 서열이 낮은 수컷들, 서열이 높은 수컷과 암컷들, 나이가 많거나 장애가 있는 개체들로 구성된 여러 하위 무리들에게 둘러싸여 있다. 젊은 수컷들은 유난히 화를 잘 내는 우두머리 수컷과 거리를 유지하려고 신경 쓴다. 건기 동안 젊은 수컷들은 암컷들과 떨어져 나와 짝이 없는 수컷 무리를 이룬다. 우기가 되면 그들은 암컷들과 교미하기 위해 원래 무리로 들어가고, 우기 내내 암컷들과 함께 지내며 새끼들을 돌본다. 이처럼 연대가 약해진 개체들을 보호해 줄 수 있어서, 장애가 있거나 눈이 안 보이거나 다리가 세 개인 개체들도 무리 덕분에 살아남을 수 있다. 따라서 상부상조는 생존 보증서처럼 사회소직에 필수적이다.

아프리카물소의 천적은 사자*Panthera leo*다. 아프리카 몇몇 지역에서 아프리카물소는 사자의 주요 먹잇감이다. 사자들이 아프리카물소를 자주 공격하는 건 다른 선택지가 없기 때문이다. 풀이 높게 자라고 나무 그늘이 풍성할 때 사자들은 더 작은 먹잇감으로도 충분해서, 세심하게 준비된 매복 장소에서 불시에 작은 먹잇감을 습격한다. 풀이 짧아져 몸을 숨길 수 없게 되면 작은 먹잇감들을 사냥하기가 훨씬 어려워지므로 사자들은 어쩔 수 없이 아프리카물소들을 공격한다. 아프리카물소는 위험한 표적이므로 두 종의 충돌은 살벌하며, 사자에게도 아프리카물소 사냥은 위험한 시도다. 수컷보다 더 뛰어난 사냥꾼인 암사자들은 무리를 이루어 저항하고 공격할 수 있는 수백 킬로그램의 먹잇감을 잡기 위해 협력해야 한다. 사자들은 가장 연약한 개체들을 고를 때조차 예측 불가능한 무리에 맞서 항상 경계 태세를 취해야 한다. 무리 짓기는 아프리카물소들에게 최고의 방어무기다. 더 효율적으로 공격을 알아차릴 수 있고, 무리의 힘으로 신중한 사자들을 따돌리거나 기세를 꺾을 수 있다. 또한 개체가 포식당할 위험을 약화시킨다. 사자들은 한 번에 아프리카물소 한 마리만 쓰러뜨릴 수 있기 때문에 무리가 클수록 잡아먹힐 확률이 낮다. 게다가 아프리카물소에게는 또 다른 특징이 있다. 아프리카물소들은 자신들이 잡아먹힐 가능성이 있더라도 주저 없이 맞서고 위험한 상황에 덤벼든다. 적극 방어 전략이다. 먹잇

동물 사회의 전쟁

감이 되는 수많은 동물들은 집단으로 포식자에 격렬히 맞서는 게 이득이므로 이 전략을 쓴다. 먹잇감의 몸집이 더 작더라도 수많은 개체가 합세하면 대개 포식자가 부상을 피하기 위해 어쩔 수 없이 물러서게 된다. 발톱이나 송곳니처럼 공격적인 무기가 없는 아프리카물소의 방어 능력은 힘과 뿔뿐만 아니라 특히나 무리를 통해 드러난다. 나폴레옹 보나파르트Napoléon Bonaparte의 "최고의 수비는 공격이다"라는 말을 잘 보여 주는 아프리카물소는 자신이 먹잇감이 될 운명을 얌전히 기다리는 것에 그치지 않고 대번에 공격자가 되었다.

이와 같은 행동의 증거는 아주 많다.[7] 나이 든 암사자가 사냥에 나섰다가 아프리카물소들에게 죽임을 당한 일[8]이 있었고, 암사자들이 아프리카물소 한 마리를 죽였는데 아프리카물소 무리가 돌아와서 공격하려 하자 암사자들이 죽은 아프리카물소를 버린 일도 있었다. 폭력은 대개 극단적이다. 나무나 바위 언덕 위로 몸을 피해 꼼짝없이 궁지에 몰린 수사자가 대피한 곳에서 벗어나기 위해 아프리카물소 무리가 떠나기를 기다리는 모습도 볼 수 있다. 도망이 불가능할 때도 있다. 사자가 공격에 실패해 당장 쓸 수 있는 힘을 잘못 계산했다면 포식자와 먹잇감의 관계가 뒤바뀐다. 먹잇감이 사냥꾼이 되는 것이다. 아프리카물소들이 모인 한가운데에 있는 사자는 나약해 보이며 여기저기

퍽퍽 맞는다. 짓밟히고 으스러진 몸은 굽은 뿔에 들이받혀 날아간다. 몇 분 만에 우아한 사자는 알아볼 수 없는 시체가 되었다. 성체 사자들만 이런 공격을 당하는 건 아니다. 새끼 사자를 마주치거나, 길게 자란 풀숲에 몸을 숨긴 새끼 사자들의 냄새를 맡으면 아프리카물소들은 그들을 내쫓으려 풀숲을 수색한다. 이 전략의 논리는 무자비하다. 자신의 천적인 사자의 새끼를 성체가 되기 전에 없애 미래의 위협을 줄인다는 논리이기 때문이다.

자연에 맞서 전쟁 중인 인간

먹이를 먹는다는 목표 없이 다른 종을 공격하는 모든 동물 중에서도 인간과 비견할 만한 종은 없다. 단순한 포식자의 행동이 아니다. 인간은 지칠 줄 모르는 의욕을 품고 '쓸모없는' 존재라고 판단한 종들, 그리고 무지로 인해 '해로운' 존재로 여긴 종들을 없애려 한다. '바람직하지 않은 존재'라고 판단한 종을 발전된 기술로 소멸시키려는 의욕이 제도화되었다. 인간은 독약, 총기, 덫 등과 같은 결정적인 기술의 영향력을 행사했고, 자신이 증오하는 생명체들을 몰살하려 이 무기들을 사용했다. 이러한 점에서 인간은 자연에서 관용이 거의 없는 유일한 종이다.

인간이 자연에 맞서 전쟁을 한다는 가장 좋은 증거는 813년 샤를마뉴 대제가 창설한 특별 군단이다. 특별 군단은 늑대와 모든 유해 동물을 박멸하는 임무를 맡았다. 수 세기 동안 '늑대 사냥 군단'은 파괴 활동을 더 잘해내기 위해 조직을 정비했다. 세월이 흐르면서 늑대 사냥 군단에는 중사, 대위, 지휘 장교가 등장했다. 당연히 인간에게 적대적인 자연과 첫 번째 숙적 늑대에 맞서 싸우는 임무를 맡은 집단은 항상 군대 용어를 썼다. 장마르크 모리소Jean-Marc Moriceau의 책 『늑대에 맞선 인간: 2,000년의 전쟁L'Homme contre le loup. Une guerre de deux mille ans』9에서 이야기하듯 다른 지역보다 프랑스에서 늑대Canis lupus와의 전쟁이 더 많이 벌어졌다. 18세기 조르주루이 르클레르Georges-Louis Leclerc 뷔퐁Buffon 백작은 『박물지Histoire naturelle』 7권10에서 위험하고 역겨운 동물을 이렇게 묘사했다. "늑대들이 군대의 뒤를 쫓다가 아무렇게나 묻힌 시체들만 있는 전쟁터에 도착했고 그 시체들을 발견하더니 채워지지 않은 식욕에 못 이겨 뜯어 먹었다. 그리고 인간의 살점을 먹는 데 익숙했던 이 늑대들은 인간을 향해 달려들었다. 양 떼보다 양치기를 공격했고 여성들을 잡아먹고 아이들을 끌고 갔다." 당시 많은 싸움이 벌어지고 전염병이 창궐한 결과로 묘지 없는 시체들이 기회주의자 청소동물인 늑대들의 먹이가 되었던 건 사실이다. 인간들을 공격하는 격분한 늑대 이야기도 슬픈 현실이었다.11 또한 뷔퐁 백작은 "빈데로 늑대는 모든 사회의 적이고 '같은 종의 개체들'과도 함께 지내지 않는다.

여러 무리의 늑대들을 볼 때 전혀 평화로운 사회가 아니었고 무시무시한 울음소리를 크게 내는 전쟁 집회나 다름없었다"라고 적었다.

프랑스혁명은 늑대 말살에 이용되었다. 사냥은 더 이상 특정 계층의 권리가 아니었고, 민중이 살상에 동참하는 데 허가를 받으면서 말살이 격화되었다. 19세기는 대량 학살의 100년이라 해도 과언이 아니다. 총기와 독약이 널리 사용되었다. 19세기 초에 성체 늑대 5,000마리로 추정된 개체 수가 1900년에는 500마리로 줄었다. 당시 최신 기술로 개발된 무취 독약 스트리크닌은 질식과 심장마비를 일으켜 늑대를 죽음에 이르게 했다. 제1차 세계대전을 치르는 인간들이 참호에서 서로를 죽이는 동안 늑대들은 잠시나마 평온하게 지냈다. 마지막으로 늑대들이 사냥된 때는 1940년 즈음이었다. 21세기 초에 늑대들이 프랑스의 자연으로 되돌아온 일은 생물 다양성 면에서 희소식이지만, 1년에 늑대 100여 마리를 사냥할 수 있도록 하는 법적 허가는 늑대와 인간의 평화 조약이 여전히 체결되지 않았음을 보여 준다.

늑대가 사라진 뒤에도 야생동물을 향한 인간의 증오는 여전히 사그라들지 않았다. 늑대가 더 이상 없더라도 그건 중요하지 않다. 아직도 죽여야 할 다른 육식동물들이 남아 있기 때문이다. 다음 차례는 산맥이 최후의 은신처인 수달, 스라소니, 대형 맹

금류일 것이다. 상냥하고 예민한 붉은여우*Vulpes vulpes*도 호모 사피엔스의 야만성을 겪었다. 광견병과 포충증은 해마다 50만 마리 이상의 여우를 사냥하기 위해 내놓는 쉬운 변명이었다.[12] 담비, 바위담비, 족제비와 특히 사냥개들의 잔인한 굴 파기의 희생자인 오소리처럼 몸집이 작은 다른 육식동물들도 동일한 운명을 겪는다. '땅속의 무리 사냥'이라 불리는 굴 파기 사냥은 땅굴 깊숙한 곳에서 오소리들과 새끼들을 꼼짝 못 하게 한 다음 수 시간 동안 땅굴을 파서 큰 펜치처럼 생긴 오소리 사냥용 목 집게나 다리 집게를 사용해 꺼낸다. 새끼 오소리들은 대개 산 채로 개들에게로 내던져진다. 어째서 이런 폭력이 표출되는 걸까? 심지어 하천에 서식하는 동물군도 인간의 광란을 피하지 못했다. 모오케*Lota lota*는 오랫동안 송어의 알을 먹어서 송어 감소의 원인으로 지목되었다. 1960년대와 1970년대 모오케는 프랑스 어업최고위원회가 전기 충격 낚시를 통해 대규모로 말살한 대상이었다. 그리고 현재 모오케는 사라질 위기에 처했다.

시간이 흐르면서 늑대 사냥 조직은 어떻게 되었을까? 프랑스혁명 때 이 조직은 해체되었지만, 사냥 대원들이던 이들은 왕정복고 시대에 늑대 사냥 지휘 장교가 되었고 권한은 여전히 똑같았다. 생태학의 발전, 생태계 구조에서 포식자들이 미치는 긍정적 역할에 대한 많은 증거[13]에도 불구하고 변화한 것은 없다.

현재까지도 늑대 사냥 지휘 장교들이 활동하며 동물군을 파괴하고 있다. 환경법에는 도지사가 임명한 공무원들이 정부가 유해하다고 분류한 동물을 관할 관청의 감시 아래에서 말살하는데 협력해야 한다고 명시되어 있다. 여기서 분류한 유해 동물은 여우, 까마귀, 까치 그리고 늑대다. 이 동물들은 사냥의 새로운 희생자이며, 사실 보호받아야 할 존재다. 환경법에는 말살이라는 용어가 여기저기 나오는데, 이는 전쟁이라는 단어가 (직접적으로) 언급되지 않았지만 인간이 자연과 전쟁하고 있음을 여실히 보여 준다.

동물 사회의 전쟁

QUAND
LES
ANIMAUX
FONT
LA
GUERRE

5장
계승 전쟁과
내란

잉카 황제가 죽자 왕족 내부에서 충돌이 빈번하게 일어났다. 적자嫡子들은 싸움에 나가기 위해 무기를 들어야 했다. 하지만 그 탐나는 왕좌는 계승되기보다는 정당성을 입증해 얻는 자리였다. 계승 전쟁 이야기는 내란처럼 인간 역사에서 반복적으로 볼 수 있다. 우두머리의 죽음이 촉발한 극심한 분노를 막을 수 있는 건 아무것도 없는 듯하다. 우두머리의 통치가 종결되며 시작된 불안정한 시기는 새로운 우두머리가 승리해야만 끝난다. 수많은 동물 사회에서도 마찬가지다. 나이 든 여왕은 무리를 유지하는 역량과 권력이 예전과 같지 않다. 젊은 여왕들이 나이 든 여왕의 자리를 차지하기 위해 만반의 준비가 되어 있다. 야망의

날은 더욱 날카로워지고 충돌은 피할 수 없는 듯하다. 서열화된 사회에서 전제군주는 영원히 신하를 불신해야 한다. 아무것도 확실한 건 없고 힘의 균형은 외부 조건에 따라 흔들린다. 서열을 유지한다는 것은 권력을 잘 확립하고 백성과 동종에게 강한 인상을 남기기 위해서라면 희생양을 제물로 바치는 일도 서슴지 않는 일상적 싸움을 치르는 것이다.

왕좌의 게임

개미들의 사회는 대부분 크게 두 부류로 나뉜다. 여왕개미가 한 마리만 있는 '단일 여왕개미 군락monogyne'과 여왕개미가 여러 마리인 '복수 여왕개미 군락polygyne'이다. 단일 여왕개미 군락에서 여왕이 죽으면 일반적으로 여왕개미의 자리는 대체되지 않으며, 나이 든 일꾼개미들을 대체할 새로운 알들이 없어서 군락이 소멸된다. 복수 여왕개미 군락에서 여왕의 수가 많으면 이런 현상을 피하지만 다른 문제들이 생긴다. 특히 여왕 자리를 계승하는 단계에서 그렇다. 하지만 군락 유형이 무엇이든 간에 젊은 여왕개미들의 출현은 항상 큰 사건이고, 사회를 만드는 기초 단계는 대서사시나 다름없다. 게다가 포식 위험도 있고 신생 군락들 사이의 경쟁이 격해지기 때문에 개미 군락의 일생에서 가장 취약한 단계이기도 하다. 그래서 새로 생긴 군락의 1퍼센트 이

하만이 살아남는다고 추정한다.

대다수 개미종을 보면, 군락을 세운 여왕개미들은 독립적이다. 이들은 일단 수정되면 방 안에 틀어박혀 도움 없이 자신이 비축한 에너지로만 첫 알들을 돌본다. 하지만 이 첫 번째 단계 동안 군락을 세운 여왕개미들은 서로 모여서 협력하는 생활을 선택할 수 있다. 함께 개미집을 짓고 첫 알들을 함께 돌보고 서로 손질해 주거나 군락에 함께 사는 개체들끼리 먹이를 나누는 트로팔락시스trophallaxis를 하는 것이다. 이러한 협력에는 많은 이점이 있다. 군락을 세운 여왕개미들이 군락 초기 단계 동안 더 잘 생존할 수 있다. 이들이 낳은 아주 많은 알은 단일 여왕개미의 알들보다 더 빠르게 자라 군락의 생존 가능성을 높인다. 또한 개미집을 세우고 유지하며 포식자와 약탈자에 맞서 지키는 데 드는 비용이 감소한다. 이 모든 것은 초기 단계에서 젊은 여왕개미들이 서로 협력하는 데 확실한 이점이 된다. 그렇지만 그 이면에 어두운 부분도 있다. 첫 일꾼개미들이 등장하면 협력은 중단된다. 이후 여왕개미들끼리 싸우든지, 아니면 일꾼개미들이 너무 많은 여왕들을 공격하여 제거하면서 여왕개미들이 하나씩 사라진다. 결국 여왕 자리를 두고 벌어진 토너먼트에서 승리한 여왕개미 한 마리만 남아야 한다. 죽은 여욍개미들이 쏟았던 투자의 수혜를 그 여왕개미가 누릴 것이다.

왕좌를 원하는 여왕개미들이 사투를 벌일 때 무엇이 성공에 결정적인 역할을 했을까? 브뤼셀자유대학교의 세르주 아롱 Serge Aron은 2009년 발표한 연구에서 고동털개미들의 다섯 군락에서 여왕개미들 사이뿐만 아니라 여왕개미들과 일꾼개미들 사이에서 일어나는 반발 행동을 분석했다.[1] 고동털개미 Lasius niger는 프랑스를 비롯한 유럽에서 가장 흔한 종 중 하나다. 여왕개미는 최장 29년까지 살 수 있고 군락에 일꾼개미가 5만 마리에 달할 수 있다. 단일 여왕개미를 중심으로 군락을 세우지만, 여왕개미들이 연합을 맺어 새롭게 군락을 형성할 수 있으며 그 비율이 18퍼센트 정도 된다. 일꾼개미들이 나타난 이후, 여왕개미들끼리 맺은 협동 기반이 28일 이내에 여왕개미 한 마리의 단독 통치로 축소된다. 그 시작은 예외 없이 여왕개미들의 싸움이다. 싸움은 다리와 더듬이를 잃을 정도로 무자비해서 가장 연약한 개미들은 죽음에 이를 수 있다. 2차전에서 일꾼개미들은 가장 심각한 부상을 입은 여왕개미들을 공격한다. 가장 머리가 크고 가장 몸집이 큰 여왕개미들은 분명 유리하지만, 가장 작은 여왕개미들이 승리하는 경우도 전체 싸움의 3분의 1 정도 된다. 따라서 모든 게 단순히 힘의 문제는 아니다.

지중해 지역에 서식하는 장다리개미속 개미 Aphaenogaster senilis[2]도 단일 여왕개미 군락을 형성하며, 군락의 분열을 통해 여왕개미를 교체한다. 여왕개미가 없어도 군락들은 영속성을 위해서 새로운 여왕개미를 빠르게 키울 수 있다. 일꾼개미들이 죽은 여왕개미가 낳은 알들을 보살펴 평균 두 마리의 새로운 여왕개미(최대 다섯 마리)를 키우는 모습이 관찰되었다. 첫 여왕개미는 함께 양육된 다른 여왕개미보다 평균적으로 17일 더 빠르게 나타나는데, 이렇게 일찍 태어나면 우두머리가 되는 데 유리하다. 고동털개미들처럼 젊은 여왕개미들 사이의 공격은 빈번하게 일어나고 무척 거칠지만 결국에는 우두머리 여왕개미가 이긴다. 그렇다면 어째서 여왕개미를 한 마리 이상 키울까? 첫 여왕개미가 죽을 경우를 대비해야 하기 때문이다. 첫 여왕개미가 다른 여왕개미들보다 먼저 등장하면서 생기는 시간 차이는 공격적인 상호작용 중 겪을 수 있는 위험을 최소화한다. 첫 여왕개미가 발달 과정에서 죽는다면 이후에 등장한 여왕개미들 중 하나가 자리를 대신할 것이다.

여왕 계급이 없는 다른 개미들의 경우에는 일꾼개미가 항상 여왕개미가 된다. 일반적으로 여왕개미들의 수명은 길지만, 여왕개미가 된 일꾼개미의 수명은 2년을 넘지 않는다. 그래서 여왕개미가 자주 교체된다. 번식 계급도 없는 이런 개미 사회에서는 주로 우두머리 일꾼개미들이 군락의 기능을 책임진다. 디노포네라 쿠아드리켑스*Dinoponera quadriceps*의 경우, 모든 암컷 개미가 외형적으로 일꾼개미들이다. 암컷 개미는 모두 잠재적으로 수컷 개미와 교미하고 알을 낳을 수 있지만 몇 마리만이 번식 개미로 뽑히는 것이다. 이런 서열은 폭력과 연합을 통해 확립되며 서열이 낮은 암컷 개미들은 미래의 승자 암컷 개미가 왕좌로 올라가 자리를 유지하는 걸 도울 수 있다.

심지어 꿀벌Apis mellifera들도 젊은 여왕벌들이 서로 공격하고 죽이면서 단 한 마리의 여왕벌이 선발되는 과정을 거친다. 보통 꿀벌의 군락 한 곳에는 여왕벌 한 마리만 있지만 군락의 번식 과정에서 새로운 여왕벌이 많이 키워진다. 뚜렷하게 구분되는 이 두 단계를 거치면서 왕위가 계승된다. 우선 군락은 생존을 위해 여왕벌 여러 마리를 키운다. 그런 다음 죽음의 결투가 연속으로 일어나 여분의 여왕벌들이 제거되면서 한 마리의 여왕벌이 선발된다. 1741년 프랑스 박물학자 르네앙투안 드 레오뮈르René-Antoine de Réaumur는 "첫 여왕벌이 군락을 차지했을 때 제국이 그녀를 승인한 이후, 서열 2위 여왕벌은 민중의 판결에 따라 사형을 선고받고 그 즉시 판결이 집행된다"[3]라고 이야기했다. 당시 사람들은 꿀벌들이 그런 행동을 하는 과정과 그 이유를 몰랐지만 여왕벌 사이의 싸움은 이미 잘 알려진 사실이었다. 때로는 개체의 나이가 여왕으로 선발된 벌들과 패배한 벌들의 운명을 정하기도 한다. 예컨대 프랑스에서 가장 흔한 말벌인 쌍살벌의 사회에는 장로제가 있다. 장로제에서는 더 나이가 많고 가장 공격적인 암컷 벌이 여왕벌의 자리로 올라가며, 암컷 벌들 중에서 결코 여왕벌이 되지 않을 벌들은 축출된다. 다른 종들의 경우 가장 어린 개체가 여왕벌이 되기에 유리할 것이다. 하지만 충돌 없이 여왕의 자리에 오르지는 못한다.

왕조의 권세와 쇠락

대부분 사회성 종들의 경우, 어느 한 개체의 가치와 서열은 더 약한 개체들에 대한 지배 관계를 확립하는 개체의 능력과 힘에 좌우된다. 개체의 서열은 자원을 독차지하는 그 자신의 능력과 힘만으로 획득한 자리다. 개체의 능력은 살면서 약화되므로 우두머리들은 주기적으로 더 강한 경쟁자들의 도전을 받고 교체된다. 이 기본적 체계는 그 가치가 입증되었지만, 우두머리의 잦은 교체로 인해 무리가 불안정해지기도 한다.

그리고 신체적 힘만을 기반으로 하는 체계보다 확실히 더 안정적인 체계도 있다. 우리 인간의 왕조와 비슷하게 한 일가가 지배하는 체계로, 사회 서열이 더는 개체의 역량에 좌우되지 않는다. 영장류인 긴꼬리원숭이속 일부와 하이에나의 경우 암컷들이 무리를 지배한다. 암컷들은 어미의 서열을 물려받고, 기체들이 저마다 가진 능력과는 상관없이 강자와 약자로 서열이 굳어진 모계 왕조를 이룬다. 이러한 체계에서는 암컷 우두머리 혈통이 거의 변화하지 않으며 좋은 가문에서 태어나는 게 중요하다.

미시간대학교의 두 연구원은 27년 동안 추적했던 점박이하이에나 한 무리의 사례를 분석했다.[4] 점박이하이에나들은 수컷들과 암컷들로 구성된 무리 안에서 생활하며 자원이 풍부할 때에는 한 무리 안에 100여 마리까지 이를 수 있다. 암컷들은 보통 평생 자신의 무리 안에서 지내지만, 수컷들은 성적으로 성숙한 시기인 세 살에 뿔뿔이 흩어진다. 앞서 2장에서 봤듯이 암컷 하이에나는 수컷보다 몸집이 더 크고 힘도 세다. 하이에나의 모든 무리는 여러 암컷 혈통들로 구성되어 함께 공동 영역을 지키지만 먹이를 따로 먹는다. 하이에나의 서열은 불변의 두 가지 규칙에 따른 결과다. 어미들의 서열은 항상 딸보다 높고, 젊은 암컷들의 서열은 나이가 더 많은 자매들의 서열보다 더 높다. 인간을 비롯한 수많은 동물종의 생태와는 정반대다. 나이가 더 젊은 하이에나가 유리하다. 게다가 다른 혈통의 개체들과 충돌이 벌어질 때 예외 없이 어미들, 때론 나이가 많은 딸들이 가장 어린 암컷들을 돕는다. 따라서 우두머리 혈통에서 태어난 젊은 암컷 하이에나들은 자신들이 다른 모든 암컷들을 지배할 수 있는 중요한 성공 수단을 쥐고 있는 것이다. 또한 젊은 암컷들은 또 다른 자질을 가지고 있는데, 일생 동안 낳는 새끼의 수가 서열이 낮은 암컷 하이에

동물 사회의 전쟁

나들보다 더 많다는 것이다. 서열이 높은 암컷 하이에나들이 더 빨리 번식을 시작하고 새끼들의 생존율이 더 좋기 때문이다.

　서열이 높은 암컷들이 가진 세습 권력과 생물학적 이점 덕분에 진정한 왕조가 탄생하고 오랜 기간 동안 무리들을 지배할 수 있다. 이를테면 두 연구자가 추적한 무리는 수많은 모계 혈통으로 구성된 집단에서 비롯되었는데, 27년 후 서열이 높은 네 혈통의 구성원들만 남아 있었다. 서열이 더 낮은 일부 혈통들은 더 좋은 기회를 찾으러 무리를 떠났고, 그냥 소멸되어 버린 혈통들도 있었다. 남은 네 혈통 중에서 지배 왕조는 1988년 암컷 두 마리에서 2014년 21마리가 되었지만 더 낮은 서열의 혈통들은 구성원의 수를 간신히 두 배 늘렸다. 우두머리 왕조는 다른 혈통들을 향한 자신들의 우위를 강화했고 자신의 자리를 견고히 다졌다. 그런데 '어째서 서열이 낮은 암컷들은 서열을 뒤집고 서열 높은 암컷들의 권력에 이의를 제기하지 않았을까?'라는 의문이 든다. 서열이 더 낮은 개체들이 자신의 운명을 받아들이는 그런 감정은 어디서 비롯된 걸까? 어쩌면 혈통 내부에 형성된 유대감과 우두머리 혈통의 성공적인 번식 덕분에, 서열이 낮은 혈통의 구성원들의 수가 기존 질서를 과감하게 무너뜨리기에는 너무 적기 때문일 수도 있다. 성공 확률이 거의 없다면 반란이 드문 게 당연한 일이다. 반란을 일으키지 않는 다른 이유로는 현상황이 모두에게 이익을 준다는 것이다. 내부에서 충돌이 벌어져 무리가 불안정해지면 모든 개체가 많은 대가를 치르고 무리의 단결이 약해질 수 있다. 이를테면 서열 변화로 사회적 불안이 높은 기간 동안에 암컷들끼리 자주 싸우면 서로가 심각한 부상을 입으며, 싸움을 주도하지 않았던 암컷들도 예외가 아니다. 그런 집단은 무리 전체를 위험에 빠트릴 수도 있는 전염성 높은 폭력과 전투 열기의 먹잇감이 될 것이다. 따라서 이런 부수적 상처를 입을 위험 때문에 구성원들은 기존 질서를 지킨다. 하지만 여러 조건이 모이면 싸움이 벌어지고 암컷들이 우두머리 암컷들에 대항해 성공하는 일도 일어난다.

그럼 어떻게 해야 혁명을 성공시킬 수 있을까? 하이에나가 여왕 혈통을 전복하려는 생각을 하기 전에 읽어야 할 작은 내란 가이드가 여기 있다. 보통 내란의 성공 여부는 반란을 일으킬 하이에나들이 결성하는 연합에 좌우된다. 홀로 권력을 정복하기 힘들기 때문에 견고하고 지속적인 결속이 필요하다. 그래서 서로 지지하는 암컷들이 더 자주 폭동에 동참하며 성공 확률도 더 높다. 우두머리에 대항하기 위해 연합하기로 한 개체들은 서로 돕는 게 유리하다. 이러한 상호성 원칙은 매 시도마다 더 강해진다. 암컷 전사들의 우정은 싸움에서 절대 혼자 내버려두지 않도록 보장해 준다. 사실 점박이하이에나의 왕조 체제에서 일어난

동물 사회의 전쟁

불평등이 여러 세대에 걸쳐 확장되고 지속된다면 그 왕조는 영원불멸하지 않다. 27년에 걸친 무리 추적을 통해 암컷 두 마리 중 하나는 살면서 폭동을 겪은 적이 있으며, 무리 구조가 변화하는 주요 원인은 암컷들의 연합이라는 사실이 발견되었다.

영장류들이 일으키는 혁명

동물 세계에서 동맹이나 연합과 관련된 여러 사례 중 가장 흔하고 눈길을 끄는 사례들은 영장류에서 관찰된다.[5] 몬트리올대학교의 베르나르 샤페Bernard Chapais는 그런 사례를 세 가지 유형으로 분류했다.[6] 표적보다 서열이 더 높은 개체들이 이룬 보호 연합, 표적보다 서열이 더 높은 개체와 더 낮은 개체가 적어도 한 마리씩 있는 기회주의 연합, 표적의 서열보다 더 낮은 개체들이 모두 동참한 혁명 연합이다.

혁명은 드물게 일어난다. 우두머리 자리를 차지하는 것은 무척 위험한 일일 것이다. 이론적으로 전제군주가 강할수록 그를 전복할 가능성은 더 낮지만, 우두머리 자리가 더 탐날수록 그 자리를 차지하는 것은 더 가치가 있다. 결론적으로 혁명을 일으키는 건 이익성과 실행 가능성 사이의 타협이다. 따라서 혁명은 서열 2위 바로 아래로 분류된 개체들의 행동이라는 것을 논리적으로 예상할 수 있다. 이들은 우두머리가 될 기회가 거의 없지만 서열이 그리 낮지도 않기 때문이다. 서열 3위 또는 4위에 있을 때 서열 1위와 2위의 권력이 천천히 쇠약하는 상황만을 기대한다면 결코 우두머리 자리에 오를 수 없다. 이런 체계에서 서열 2위는 결정적 역할을 한다. 서열 2위가 우두머리에 충성한다면 연합은 실패할 확률이 매우 높고, 서열 2위가 배신하기로 결심한다면 새로운 우두머리의 바로 아래 서열 2위의 자리 유지를 확보한다. 결국 서열 2위가 권력의 열쇠를 쥐고 있다.

침팬지 무리에서 가장 서열이 높은 알파 수컷 자리를 두고 경쟁이 벌어질 때 이러한 동맹이 여러 차례 관찰되었다. 일본의 영장류학자 니시다 토시사다西田利貞는 1983년 발표한 연구에서 우두머리 수컷을 전복하기 위해 서열 3위인 감마 수컷과 서열 2위인 베타 수컷이 맺은 동맹을 설명했다.[7] 18개월 후 우두머리가된 감마 수컷이 자신의 자리를 되찾으려는 옛 우두머리에 의해 전복당할 때에도 베타 수컷의 도움이 있었다. 이 두 사례를 보면 베타 수컷은 결코 가장 높은 자리로 올라가지 않지만 권력을 부여하는 데 결정적인 역할을 했다. 그는 다른 두 수컷보다 물리적으로 덜 강했기 때문에, 우두머리를 노리는 두 수컷 중 한쪽과 동맹을 맺음으로써 서열 3위보다 더 좋은 2위 자리 유지를 보장받았다. 유명한 동물행동학자이자 영장류학자인 프란스 드 발Frans de Waal[8]은 우리에 갇혀 지내는 침팬지들에게서 이와 유사한 서열의 역전 현상을 확인했다. 이번에는 감마 수컷이 우두머리 알파 수컷을 죽이고 그 자리를 차지하기 위해 베타 수컷과 연합을 맺었다. 또한 개코원숭이의 경우에는 중간 서열의 두 수컷이 힘을 합쳐 우두머리 수컷의 힘을 넘어설 때 두 배신자 수컷의 연합이 폭력적인 전복을 일으킬 수 있다. 따라서 동물 세계의 배신자들은 최악의 배신자 유다처럼 배신하는 인간들에게 뒤지지 않는다. 중세 시대 이야기들에도 자신들의 군주를 전복하기 위해서 적과 연합하기로 결심한 봉신들 같은 배신자 사례가 넘친다. 그중 하나로 로베르 달랑송Robert d'Alençon 백작의 일화가 있다. 그는 자신의 땅과 지위를 유지할 수 있도록 프랑스의 '존엄왕Auguste' 필리프 2세에게 자신의 마을을 넘기려고 잉글랜드의 '실지왕' 존왕을 배신했다. 동물이나 인간이나 배신자는 어디에나 존재하며, 기존 질서를 뒤흔들고 엉망진창으로 만드는 장본인이다.

암컷 혈통을 토대로 하는 영장류 사회에서 혁명이 일어나는 빈도는 상대적으로 적지만 불가능한 일은 아니다. 특정 상황에서 혁명이 일어나는데, 특히 우두머리 암컷이 고립될 때가 그러하다. 연구자들은 우리에 갇혀 지내는 일본원숭이 무리들에서[9] 서열이 가장 높은 암컷을 친척들로부터 떼어 놓고, 서열이 더 낮은 모계 혈통으로 구성된 암컷 무리와 함께 지내게 했다. 우두머리 암컷은 하위 서열의 암컷들이 뭉친 연합에 거의 항상 공격을 당했다. 우두머리 암컷이 젊을수록 공격당할 위험이 더 컸다. 연합에 하위 서열 개체들이 많을수록 그들의 성공 확률도 더 컸다. 영장류에서 암컷 연합이 드문 것은 하위 서열의 암컷들이 우두머리 암컷을 전복할 능력이 없기 때문이 아니라 오히려 우두머리 혈통의 개체들 사이는 혈연으로 맺어진 유대가 단단해서 혁명을 일으킬 기회가 굉장히 드물기 때문일 터다.

암컷들의 반란

인간과 마찬가지로 영장류 암컷의 몸집은 대체로 수컷보다 작다. 성적 이형sexual dimorphism은 두 성性의 개체들이 충돌을 비롯한 여러 관계를 맺을 때 중요한 영향을 미친다. 신체적 열세인 상황에서 암컷들이 수컷들을 공격하는 일은 상대적으로 드물고 주로 위협하는 수준에 불과하다. 수컷 한 마리를 이기려면 암컷들은 협력하며 연합을 맺어야 한다. 가장 흔한 경우는 자신들의 새끼를 지키고 새끼 살해로부터 맞서 싸울 때이고, 다른 구성원들을 지킬 때 또는 특히 가장 어린 개체들에게 위험이 될 수 있는, 집적거리려는 낯선 수컷을 내쫓을 때에도 연합한다.

2006년 가봉 프랑스빌에서 반쯤 자유롭게 살아가던 암컷 맨드릴개코원숭이 여덟 마리가 수컷 한 마리를 공격했다.[10] 수컷은 우두머리 수컷과 격렬하게 싸워서 약해진 상태였다. 암컷들은 그 쇠약해진 순간을 이용해 수컷을 물어뜯고 할퀴고 때리며 팔과 다리를 잡아당기고 집요하게 괴롭혔고 수컷은 자신을 방어할 수 없었다. 연구자들의 기록에 의하면, 이 공격에 연루된 암컷들은 서로 싸웠던 두 수컷과 아무런 관계가 없었으며 자신들의 새끼나 기족을 보호하려 했던 것도 아니었다. 암컷들의 확실한 동기는 '복수'였다. 다른 영장류들에게서 이미 볼 수 있었던 것처럼 말이다. 암컷들에게 폭행을 당한 수컷은 같은 무리의 구성원들에게 유난히 공격적이었고 수컷, 암컷, 새끼들에게 무차별적으로 위협을 가했다. 그래서 암컷들이 연합을 맺어 자신들이 직접적인 위험을 안지 않고 수컷을 공격하기에 적절한 때를 잡았던 것 같다. 이 공격 이후로 수컷은 무리로부터 멀리 떨어져 은둔하며 상처를 치료했고 새로운 공격을 피했다. 맨드릴개코원숭이들에게도 이런 일이 일어날 수 있다는 사실은 암컷들이 무리에서 어떤 통제력을 행사한다는 것을 입증하며, 영장류 사회조직에서 연합이 중요하다는 것을 강조한다.

암살자 까마귀

바로 앞서 설명한 보호 목적의 연합은 모계 혈통에서 상당히 흔하다. 서열이 높은 혈통 출신의 암컷들은 자신들의 지위와 이익을 위해서 효과적으로 연합한다. 그런데 하위 서열들을 응징하기 위해, 심지어 죽이기 위해 같은 혈통이 아닌 우두머리들끼리 연합하는 일이 자연에서 일어나기도 한다.

　우리가 사는 지역을 돌아다니다 보면 까마귀Corvus corone를 으레 마주친다. 미성숙한 개체들과 젊은 성체들은 3~5년 동안 무리를 이루며 지내다가 짝짓기 상대를 선택해 한 영역에 정착한다. 무리의 규모는 다양하며 사회적 서열을 비롯한 복잡한 사회적 관계가 잘 확립되어 있다. 2019년 생물학자 베네딕트 홀트만Benedikt Holtmann은 우두머리 까마귀들이 연합을 맺어 하위 서열의 개체를 집요하게 괴롭히고 학대하여 결국 죽음에 이르게 만드는 모습을 기록했다.[11] 자연에서 새들의 행동을 측정하는 일은 거의 불가능한 임무이기에 연구는 둥지에서 생포되어 새장에서 자란 암컷 까마귀 다섯 마리를 대상으로 진행되었다. 까마귀 다리에 다른 색의 고리를 끼워 모두 식별할 수 있게 했고, 이들의 상호작용을 영상으로 촬영하고 기록했다. 암컷 까마귀 C45는 항상 무리의 우두머리였고 C59가 따라다녔다. 연구자들은 우두머리 암컷 까마귀 두 마리가 하위 서열의 암컷들 중에서 C58 고리로 확인된 암컷을 수차례 공격했다고 기록했다. 공격할 때마다 우두머리 암컷 두 마리는 서로 의사소통을 하고 특유의 연속적인 울음소리를 사용하면서 행동을 동시에 맞췄다. 공격 방식은 항상 똑같았다. 우두머리 암컷이 서열 2위의 암컷을 영입해 연합을 만들고 표적을 추격한 다음 공격을 개시하는 세 단계로 진행되었다. 두 공격자 중 한 마리가 표적을 추격한 다음 공격 대상을 바닥에서 움직이지 못하게 하면, 두 번째 공격자가 곧바로 합류해 부리로 세게 쪼았다.

초기 공격에서 암컷 까마귀 C58은 두 번째 공격자가 도착하기 전에 영향력에서 벗어나는 데 성공했다. 하지만 마지막 공격에서 C58은 충분히 빠르게 대응할 수 없었다. 두 우두머리 까마귀가 발톱을 사용해 C58을 밀어붙여 움직일 수 없게 만든 다음 맹렬하게 머리를 쪼았다. 그러자 서열 3위의 암컷 까마귀가 몇 초 동안 울면서, 공격하는 암컷들 중 한 마리를 부리로 쪼거나 날개털을 끌어당기면서 중재하려 했다. 두 공격자 암컷은 긴 시간 동안 계속 머리를 쪼면서 불쌍한 암컷 C58을 끈질기게 공격했다. C58은 도망쳤지만 그다음 날 아침 죽은 채 발견되었다. 머리에 입은 상처가 아마도 사망의 가장 큰 원인인 듯했다.

이 다섯 마리의 까마귀는 혈연관계가 아니었다. 모두 암컷이었고, 둥지에 새끼로 있을 때 연구자들이 데려왔기 때문에 폭력적 행동에 대해서도 몰랐다. 따라서 암컷 까마귀들의 공격적 연합의 원인은 부모 새들과 가까운 관계 또는 사회직 힉습이 아니었다. 연합은 우두머리 개체가 자신의 사회적 이득을 장기간 보장하기 위해 고안한 전략이라는 점 외에는 다른 이유로 설명되지 않는다. 서열 2위 암컷 까마귀는 거부할 때 자신에게 돌아올 보복을 피하기 위해서 또는 상호성 체계에서 향후 여러 이득을 얻기 위해서 공격에 가담했을 수 있다. 독일 뮌헨의 야생 까마귀 일곱 마리 무리에서도 연합 공격이 관찰되었다. 공격 과정은 첫 번째 개체가 공격을 시작하고 다른 세 마리가 합세하는 방식으로 앞서 언급된 사례와 동일한 것처럼 보였다. 이런 사례들은 까마귀들이 사회적 상호작용을 다루고 다른 개체들이 토벌에 동참하도록 유도할 수 있음을 보여 주는 증거다.

딱총새우들의 계승 전쟁

딱총새우들은 복잡하게 얽힌 해면동물의 수관에서 평화로운 삶을 보낸다. 성채의 보호 속에서 어느 것도 그들의 평온한 삶을 방해할 수 없는 듯하다. 성채 문지기들이 침략을 시도하는 자들을 내쫓고, 해면동물 몸속 벽에 사는 박테리아를 먹으니 먹이를 찾으러 요새를 떠날 일이 없다. 그렇지만 며칠 전부터 일꾼 딱총새우들 분위기가 어수선하다. 여왕 딱총새우가 죽어 가는 상황에서 미래의 여왕이 싸움 없이 계승될 리가 없기 때문이다. 에밋 더피가 이끄는 미국 연구팀은 파나마의 따뜻한 바닷속에서 여왕이 죽고 난 다음 즉위 과정이 어떤지 파악하려 했다.[12] 많은 진사회성 곤충종의 경우 일꾼들은 생식능력이 없고 새로운 여왕들은 자신들의 운명에 따라 따로 키워진다. 진사회성은 벌목(개미, 꿀벌 등), 흰개미목(흰개미 등), 진딧물과(진딧물), 총채벌레목 등과 같은 수많은 곤충에서 볼 수 있듯이 생물의 역사에서 여러 차례 진화해왔다. 하지만 이런 규칙이 딱총새우류 시날페우스 엘리자베테(Synalpheus elizabethae)에 적용된다는 증거는 없었다. 연구자들은 이 파나마 딱총새우종의 여왕 자리가 어떻게 계승되는지 파악하기 위해서 실험을 통해 군락의 사회조직을 조작했다. 여왕이 없는 군락에서는 일꾼 딱총새우 한 마리가 여왕의 빈자리를 대신하기 위해서 생식능력을 갖게 되었다. 반면에 여왕이 있었던 대조 군락들에서는 성적 성숙으로 들어가는 일꾼 딱총새우가 단 한 마리도 없었다. 결론적으로 파나마 일꾼 딱총새우들은 번식 개체로 전환하는 능력을 가지고 있으나 어미 여왕이 존재하면 번식 개체로 전환될 수 없다. 그렇다면 평범한 일꾼 딱총새우를 새로운 여왕으로 만드는 작용 원리를 이해하는 일만 남았다. 연구자들이 실험을 진행하면서 기록한 내용에 따르면, 여왕이 없는 무리에서 일꾼 딱총새우들 사이에 공격과 부상이 증가하고 결국에는 암컷 일꾼 딱총새우 단 한 마리가 성숙기로 들어가며 여동생들의 혈기를 진정시키기 위해 상당히 강해진다고 한다. 이렇게 계승의 문제는 싸움으로 해결된다. 싸움은 개체들의 서열 관계를 확립하는 과정치고는 꽤나 거칠지만 죽음에까지 이를 정도는 아니다. 이 불안정한 시기는 우두머리 개체가 등장할 때까지 지속된다. 또 다른 눈에 띄는 사실은 군락의 크기가 클수록 여왕의 수가 더 많다는 것이다. 이는 일꾼들이 여왕을 대신해 행동이나 화학 신호를 통해 수컷들에게 구애하는 행위를 여왕이 완전히 차단하지 못한다는 점을 보여 준다. 여왕의 자리를 노리는 암컷 딱총새우가 너무 많으면 여왕 한 마리가 그 모두를 감시할 수 없다. 내란으로 인한 군락의 자멸을 피하기 위해서, 여왕들의 번식 분담이 여왕과 일꾼 사이 또는 일꾼들 사이의 충돌을 감소시키는 하나의 해법이 될 수도 있을 것이다. 이러한 계승 전쟁은 다른 종에서도 관찰되는데, 갑각류 딱총새우와 전혀 다르게 생긴 동물이다.

벌거숭이 여왕

아프리카 땅속 설치류에 속하는 두더지쥐들 중에서는 단 두 종이 포유류에는 드문 진사회성을 보인다. 다마랄랜드두더지쥐 *Cryptomys damarensis*와 벌거숭이두더지쥐*Heterocephalus glaber*다. 이 두 종은 서로 다른 두 지역에서 살고 있다. 다마랄랜드두더지쥐는 나미비아, 앙골라에 살고, 벌거숭이두더지쥐는 에티오피아, 소말리아, 케냐 등 동아프리카의 건조한 지역에 산다. 벌거숭이

두더지쥐가 가장 많이 알려져 있는데, 특히나 몸에 털이 전혀 없어서 매끈하고 아주 오래 살며 통증에 무감각하고 질병 저항성이 강하기로 유명하다. 이들의 군락에는 통상 70~300마리가 모여 살고, 독특하게 분업을 한다. 몸집이 작은 개체들은 군락을 유지하고 먹이 활동을 맡으며, 몸집이 더 큰 개체들은 병사들처럼 행동하고 여왕 암컷 한 마리만이 번식을 한다. 이 암컷은 번식하는 임무를 맡은 특정 수컷 1~3마리와 교미한다. 성별에 상관없이 무리의 다른 개체들은 번식할 수 없으나 그렇다고 생식 능력이 없는 것은 아니다. 여왕이 다른 개체들을 반복적으로 공격하면서 번식 생리를 억제한다. 그러나 이러한 상황은 여왕이 죽거나 사라진 이후 새로운 국면을 맞는다.

1997년 런던동물학회의 크리스 포크스Chris Faulkes와 프랭크 클라크Frank Clarke는 군락에서 여왕 자리가 계승되는 과정을 조사했다.[13] 여왕이 제거되면 사회가 굉장히 불안정해지고 개체들 간의 공격이 잦아진다. 서열이 높은 암컷들은 우두머리의 억압으로부터 해방되고 나서 자신들의 야망을 드러낸다. 그 암컷들 중 하나가 미래의 번식 여왕이 된다. 이제 미래 여왕을 결정해야 하는 상황에서 암컷들은 여왕의 빈자리를 차지하기 위해 목숨까지 내놓는 격렬한 싸움을 시작한다. 하지만 공격이 암컷들 사이에서만 벌어지는 게 아니다. 자주 적극적으로 번식 활동을 했던 서열 높은 수컷들은 죽임을 당할 수 있다. 만약 활발하게 번식 활동을 하게 된 다른 암컷들과 서열 높은 수컷들이 교미한다면 미래 여왕에게 위협이 되기 때문이다. 활발하게 성적 활동을 하는 암컷은 단 한 마리만 존재해야 하고, 수컷들의 혈기를 수그러들게 하기 위해 수컷들을 제거해야 한다면 그만한 가치가 있다. 새로운 암컷이 왕관을 머리에 쓰고 다른 구성원들이 그녀의 우월함을 인정할 때 사회적 질서가 재확립된다. 새로운 여왕이 서열 낮은 암컷들이 번식하지 못하도록 다시 억제할 능력을 갖게 될 때 적대적 상호작용은 감소한다.

이처럼 동물의 세계에서 모계 혈통을 기반으로 세워져 가장 안정적인 체계조차 우두머리들의 왕위가 박탈될 때까지 주기적으로 도전을 받는다. 혁명과 계승 전쟁이 벌어진다는 건 동물 세계가 인간 세계와 마찬가지로 기존 질서를 그리 쉽게 받아들이지 않는다는 사실을 보여 준다.

알프스산맥 여왕들의 싸움

강력한 서열과 지배 관계는 야생동물 세계에만 있는 게 아니다. 가축 소 무리에서도 사회질서가 무리를 단결시키는 데 지배적인 역할을 한다. 현재 우리가 보는 여러 소의 종들은 조상들이 1만 년 전에 길들여졌으며, 유제류와 솟과에 속한다. 이를테면 들소

두 종, 아시아물소와 아프리카물소, 캐나다 북극 지대와 그린란드에 사는 사향소, 중앙아시아 고원에 사는 야크 등이 있다. 야생종의 경우 환경과 여유 먹이 자원에 따라 다양한 규모의 무리 안에서 수컷, 암컷, 새끼들이 지낸다. 하지만 우리 인간이 길들이는 무리에서 황소, 즉 수소들이 점차 제외되었다. 그래서 가축소의 서열 관계는 주로 성체 임컷과 관련이 있다.

가축화 원칙은 목축민들이 찾는 표현형 형질, 신체와 행동 특징을 선택하는 것이다. 목축민들은 싸움을 좋아하는 개체들보다는 일 시키기 수월하고 덜 공격적인 동물들을 선호하기 때문에 주로 온순한 성격이 중요한 특징이다. 그렇지만 솟과 동물 중에 공격성을 가진 개체가 선택되는 경우도 있다. 스페인 투우 또는 프랑스 남부 지역의 카마르그 투우에 쓰이는 토로 브라보^{Toro Bravo}종과 카마르그 검은 황소^{Raço di Biòu}가 그러한 예다. 스위스 알프스산맥의 여름 목장에서 지내는 에렝^{Hérens}과 에볼렌^{Evolène}도 마찬가지다. 이 스위스 소들은 다른 암소나 젖소종들보다 무척 호전적이다. 여름 방목장으로 올라갈 때 소들은 다소 큰 무리를 이룬다. 무리 안에서는 암소들 사이 힘의 관계를 바탕으로 지배 관계가 세워진다. 싸움이 벌어질 때 암소들은 머리와 뿔을 맞대고 서로 민다. 한 암소가 약해져 도망가는 순간부터는 싸움이 중단되기 때문에 부상은 드물다. 자연조건에서는 방목 기간에 우두머리 암소들은 우선 가장 좋은 목초지로 간다. 따라서 싸움이 단순한 놀이는 아니며, 이런 관계가 무리의 사회조직을 구성하고 이를 통해 먹이 사용이 체계화된다. 혈기 왕성한 이 작은 소들의 매력을 본 사육자들은 1920년대 소싸움을 계획해야겠다고 생각했다. 이들은 죽음에 이르는 싸움이 아니라 토너먼트로 계속 싸우게 하면서 여름 방목장의 여왕 암소들을 결정했다. 현재 이 경기는 관광 코스가 되었다. 나이와 몸무게에 따라 나뉜 암소들은 부상을 방지하기 위해 몰이꾼이 지켜보는 가운데 경기장 안에서 싸운다. 부문별 여왕들은 스위스 발레주의 작은 마을 아프로즈에서 열리는 최종전에서 맞붙어 '여왕 중의 여왕'을 가린다. 암소 싸움 전통은 이곳에서뿐만이 아니라 이탈리아의 발레다오스타와 프랑스의 샤모니에서도 볼 수 있다. 프랑스 샤르트뢰즈 산악 지대에 정착한 에렝종의 마돈느Madone라는 암소는 스위스와 이탈리아 여왕 암소들과 벌인 국제적인 싸움을 포함해 평생 싸움에서 단 한 번도 패한 적이 없는 여왕이었다.

　　　　　　　　　　　　　　　　동물 사회의 전쟁

QUAND
LES
ANIMAUX
FONT
LA
GUERRE

6장
동물의
사회적 배척

동물들도 사회적으로 배척하는 행위를 한다. 이들의 배척에는 두 가지 형태가 있다. 첫 번째는 일종의 자연스러운 불신처럼 한 개체를 단순히 외면하고 피하는 배척이고, 두 번째는 한 개체를 배제하려는 목적으로 대체로 공격적이고 폭력적인 행동을 수반하는 엄격한 사회적 거부다. 어떤 형태이든 간에 이런 행동은 조직적으로 이루어지거나 최소한 무리 구성원들이 배척 대상을 향한 행동을 공유한다.

어떤 개체들이 이런 행동 유형으로 인해 희생될까? 여러 행동과 '예외적인' 표현형을 가진 개체들 또는 이상하거나 달갑지 않은 존재라고 부를 수 있는 개체들이다. 이렇게 특이한 개체들은 유전적·환경적 원인 때문에 나타날 수 있다. 이에 대한 반응으로 무리 구성원들은 자신들을 보호하기 위해서 '낯선 존재'를 축출하는 경향이 있다. 사회적 배척은 무리를 지키고 무리 구성원들을 안전하게 하며 구성원들이 조화롭게 지내게 하는 기능을 할 것이다.[1] 그래서 몇몇 개체들을 피하는 행동과 희생양 논리는 사회적 단결을 유지하는 데 필수적인 역할을 하는 것처럼 보인다. 마찬가지로 인간 세계에서 구금을 하는 목적은 무고한 사람들을 탈선하는 사람들로부터 보호하고, 이상적으로는 탈선한 사람들에게 실추된 평판을 회복할 기회를 제공하는 것이다.

백색증에 걸린 경우

백색증albinism은 털, 비늘 또는 깃털에 저색소 침착이 일어나는 유전 질환이다. 대부분의 척추동물종에게서 드물게 나타난다. 참고로 흑색증melanism은 멜라닌이 과다해서 발생한 것이므로 백색증과 정반대이며, 대표적인 동물로는 검은표범이 가장 유명하다.

백색증이 있는 개체들은 자연에서 주변 환경에 녹아들 수 없는 탓에 짧은 생을 산다. 너무 눈에 띄는 먹잇감은 포식자에 의해 빠르게 제거될 것이며, 백색증에 걸린 포식자도 몰래 사냥하기 더 어려울 것이다. 하지만 우림처럼 식물이 빽빽하게 자라고 먹이 자원이 풍부한 환경이라면 포식자가 백색증 때문에 겪는 영향은 먹잇감이 받는 영향보다 상대적으로 약할 수 있다.

백색증으로 인한 다른 어려움도 있다. 인간 세계를 보더라도 백색증이 있는 사람들은 친구를 사귀고 결혼하거나 직업 경력을 쌓을 기회를 얻기 더 힘들다. 이는 사회가 백색증을 강력히 거부함을 시사한다. 그렇다면 자연에서는 어떨까? 백색증 사례가 드물어 연구가 힘들지만 주목할 만한 관찰이 몇 건 있다. 1978년 피터 로버츠Peter Roberts는 아일랜드 바다에 있는 바드시 섬에서 현장 조수 트레버 존스Trevor Jones가 관찰한 내용을 기록했는데, 유럽바다제비Hydrobates pelagicus 세 마리가 거의 완전한 백색증이 있던 개체 한 마리를 추격하고 사냥하는 광경이었다.[2] 그런데 2000년대부터 태평양 오호츠크해와 베링해에 서식하는 범고래Orcinus orca에 대한 많은 관찰들이 기록되었다. 모스크바대학교의 올가 필라토바Olga Filatova는 2016년 발표한 연구에서 해당 구역에서 성체 암컷들과 새끼들을 포함해 최소 다섯 마리의 백색증 범고래를 발견했다.[3] 논리적으로 생각해도 여러 조건이 불리한 개체들을 이렇게 많이 발견한 사례는 흔치 않다. 백색증이 있는 개체들은 보통 정도로 색소 침착이 된 개체들의 무리에서 거의 항상 관찰되었다. 무리 지어 사냥하는 종에게 보통 정도의 색소 침착은 생존을 보장하는 데 필수 조건이다. 그래서 적어도 범고래의 경우 백색증이 있는 개체들을 향한 사회적 배척은 없는 것처럼 보인다. 남방큰고래Tursiops truncatus 또는 범열대알락돌고래Stenella attenuata처럼 다른 고래류 종들에게서도 이런 사례가 발견된다. 이 종들의 사냥 전략에서 위장이 필요 없거나 아니면 거의 필요하지 않아서 색소 침착이 적은 개체들이 무리에서 약점이 되지 않는다는 게 한 가지 이유일 수도 있다.

메기들의 배척

'유럽메기'라고도 불리는 웰스메기Silurus glanis는 연구자들을 계속 놀라게 하는 물고기다. 웰스메기는 몸무게 130킬로그램에 몸길이가 3미터에 이를 수 있어 세계에서 가장 큰 민물고기 중 하나다. 이렇게 육중한 몸집 말고도 최근 프랑스 강에서 개체수가 증가하면서 예상하지 못한 사실들을 발견할 기회가 생겼다. 상당히 어린 개체들이 모여서 지낸다는 건 잘 알려져 있었는데, 론강에서 몸길이가 1~2미터 사이의 성체 15~45마리가 모인 광경은 웰스메기들의 사회적 습성에 대한 궁금증을 자아낸다.

프라하대학교의 연구자 두 명과 캐나다 앨버타대학교의 연구자 한 명은 메기 무리에서 백색증이 있는 개체들을 발견한 것을 계기로 백색증이 웰스메기 무리에 미치는 영향을 조사했다.[4] 이들은 실험실에서 웰스메기 여덟 마리로 이뤄진 여러 무리가 새로운 개체 한 마리를 받아들이거나 거부하는 조건을 만들었다. 새로운 개체는 전형적인 표현형을 가진 메기이거나 백색증이 있는 메기였다. 실험의 결과는 상당한 의미가 있었다. 연구자들은 새로 들어간 백색증 메기가 보통 정도로 색소 침착된 메기보다 메기 무리에서 항상 더 멀리 떨어져 있다는 것을 확인했다. 백색증 메기가 완전히 혼자일 확률은 전체 실험에서 두 배 더 높았다. 따라서 백색증이 있는 개체는 '보통' 개체들보다 더 빈번하게 거부당했다. 게다가 개체 간의 근접성을 바탕으로 측정한 메기 무리의 결집 정도는 백색증 개체가 있을 때 더 강해졌고, 이는 자신들과 다른 동족에 대해 무리가 반응함을 시사한다.

보통 정도로 색소 침착된 개체들은 포식자에게 들키기 쉬운 눈에 띄는 개체를 사회적 배척 행동을 통해 피할 수도 있다. 따라서 백색증 개체를 배척하는 이유는 너무 튀는 특이한 개체에 대한 두려운 반응일 수 있다.

질병 피하기

사회성 동물들은 대체로 기생충에 감염될 위험이 높다. 동족들이 무리 생활하며 가깝게 지내고 자주 만나다 보면 병원체가 쉽게 전염된다. 이런 감염 위험에 대한 압박으로 인해 수주들은 기생충 확산을 제한하기 위해 행동을 비롯한 여러 방어 체계를 개발했다. 첫 번째 보호 장벽인 '행동 면역'은 기생충과의 만남을 최대한 피할 수 있게 해 준다. 따라서 기생충에 감염된 개체를 피하는 행동은 특히 유익할 것이다. 그런데 병원균은 감염된 개체들의 외형, 행동뿐만 아니라 화학 신호와 냄새까지도 변질시킨다고 알려져 있다. 건강한 개체들은 감염된 개체와 거리를 두기 위해서 이 귀중한 징후들을 사용할 수 있다.

맨드릴개코원숭이들의 위험한 냄새

대부분의 영장류들과 마찬가지로 맨드릴개코원숭이*Mandrillus sphinx*에게 이 잡기는 중요한 역할을 한다. 오랜 시간 동안 서로 어루만지면서 털을 깨끗이 정리해 주는 행동은 개체들 사이의 사회적 결집을 강화할 뿐만 아니라 무리 구성원들의 위생을 크게 개선할 수 있다. 등에 있는 이를 제거하려면 가까이 있는 누군가의 도움을 받는 것보다 더 좋은 방법은 없다. 하지만 수많은 행동이 그러하듯이 이 잡기에도 어두운 면이 있다. 상대방의 이를 제거하거나 머리를 긁어 주다 보면 병원체에 노출되기 마련이다. 너무 가까이 다가가려 하면 자신이 감염될 위험이 있다. 그렇다면 이런 궁금증이 생긴다. 어떻게 맨드릴개코원숭이들은 감염을 피할 수 있을까?

맨드릴개코원숭이들은 놀라운 원숭이들이다. 이들은 개코

원숭이들과 닮았지만 원색을 띠는 얼굴을 가진 유일한 영장류라서 구분된다. 타오르는 듯한 두 눈 위에 긴 막대기처럼 돋아난 하얀 털이 눈의 깊이를 더 돋보이게 한다. 두 눈 아래로 붉은 선이 콧구멍까지 이어지며, 그 양옆으로는 노란 턱수염으로 끝나는 파란 돌출부가 있다. 맨드릴개코원숭이들의 엉덩이도 파랑부터 보라까지 색의 향연이다. 암컷들은 이 모든 색을 성체 수컷들의 능력을 가늠하는 지표로 사용한다. 맨드릴개코원숭이들은 우두머리 수컷 한 마리 또는 여러 마리 중심으로 암컷들과 더 어린 개체들이 모여 하렘harem을 이루며 산다. 이 수컷들만이 번식할 수 있지만 사회생활은 할머니/어머니/딸의 혈통으로 단결되고 연대를 이룬 암컷들이 이끌어 나간다.

연구자들은 기생충 충체부하worm burden°에 따른 개체들 사이의 관계에 관심을 가졌다.[5] 연구에는 두 가지 목적이 있다. 하나는, 맨드릴개코원숭이들이 이 잡기 시간에 개인적으로 선호하는 상대를 고를 수 있는지 증명하는 것이다. 이러한 행위는 기생충 전염병에 걸린 동족들을 피한다는 것을 의미할 수도 있을 것이다. 다른 하나는, 만약 그런 행위가 확인된다면 감염된 동족들을 구분하기 위해 사용된 지표들이 무엇인지 밝히는 것이다.

° 기생충의 충란의 수. 이를 검사하여 기생충 감염 정도를 알 수 있다.

2년 동안 연구자들은 맨드릴개코원숭이 25마리를 추적했다. 그들의 사회적 상호작용을 연구했고 대변 분석을 바탕으로 기생충 감염 상태를 확인했다. 그 결과 맨드릴개코원숭이들은 서로 털을 손질하는 시간에 위장 기생충에 감염된 동족들을 피한다는 것이 확인되었다. 기생충에 감염된 개체들에 대한 일시적인 사회 배척의 형태다. 이러한 배척은 분변-경구 감염 경로 faecal-oral route를 통해, 즉 건강한 개체가 기생충에 감염된 개체의 대변에 오염된 물이나 음식을 섭취하면서 기생충이 전염되는 문제와 관련이 있다. 이 기생충은 잠재적으로 심한 독성을 가지고 있다. 치명적인 이질의 원인이며, 임신한 암컷은 유산할 위험이 있다. 게다가 이 기생충은 숙주의 대변 냄새를 변질시킨다는 특징이 있어 맨드릴개코원숭이들이 이를 활용해 기생충에 감염된 동족들을 피한다. 어찌 보면 위험한 냄새다.

황소개구리Rana catesbeiana도 유사한 행동을 한다. 올챙이들은 서로 접촉하는 시간이 길지 않음에도, 접촉하게 될 때면 칸디다증Candida humicola에 감염된 개체를 피한다. 이 병원성 곰팡이균은 발육 지연과 사망을 야기하기 때문이다. 여기서 더 설명하자면, 칸디다증은 분변 섭취와 병원체 세포가 함유된 물을 통해 전염된다. 외부로 나가는 길이 많지 않은 내부 기생충에게는 분변이 밖으로 나가는 모험을 떠나기에 실용적인 수단이다. 이러한 상황에서 건강한 개체들이 감염된 개체들이 있는 구역을 피하는 행동은 감염 위험을 줄일 수 있다. 감염된 개체의 행동 변화 때문이 아니라, 감염 특성을 나타내는 화학적 신호 때문에 감염된 개체를 피한다는 사실이 한 연구를 통해서 증명되었다.[6]

전염 위험을 예상하기 위해서 배척하다

카리브닭새우Panulirus argus는 바다 깊은 곳에서 공동 거처를 공유하는 사회성 갑각류다. 여러 개체들이 모여서 사는 생활에서는 파괴적인 바이러스 PaV1을 비롯한 바이러스가 쉽게 전염된다. 과학자들은 자연에서 바이러스에 감염된 어린 카리브닭새우의 93퍼센트가 홀로 살지만 건강한 어린 카리브닭새우의 44퍼센트만이 홀로 산다는 사실을 발견했다.[7] 이렇게 홀로 지내는 이유는 단 하나다. 감염된 개체들을 피하는 것이 효과적인 전략이기 때문이다. 따라서 연구자들은 카리브닭새우들이 위험을 예상할 수 있는지, 즉 감염된 동족들이 바이러스를 전파할 수 있는 상태가 되기 전에 이들을 식별할 수 있었는지 궁금했다. PaV1 바이러스에 감염된 가엾은 카리브닭새우들은 6주 후 초기 증상이 나타나고 8주 차에 바이러스를 전파할 수 있다. 그런데 건강한 카리브닭새우 대부문은, 삼염된 지 4주가 지났고 아직 첫 증상이 나타나기 전이지만 전파 가능성이 있는 감염된 동족들을 피했다. 건강한 카리브닭새우들은 배척 행위를 통해서 심각한 질병이 자연환경에 전파되지 않도록 차단한 것이다. 앞서 나온 두 가지 사례에 대해 연구자들은 카리브닭새우들이 감염 단계를 확인하기 위해 화학 신호를 사용한 것으로 판단했다.

일탈 행동 거부

모든 사회에서 일탈 행동을 하는 개체들은 확립된 질서를 불안하고 혼란스럽게 한다. 극단적 행동 또는 급진적 선택, 심리적 불안이나 신체장애 때문에 공동체 규범에서 이탈하는 행동은 인간종이 다른 개체를 배척하는 흔한 이유다. 그렇다면 다른 동물종들은 어떨까? 침팬지들이 일탈하는 개체를 배척한다는 사실은 잘 알려져 있다. 여러 다른 배경에서 만나게 된 두 가지 상황은 우리의 사촌 침팬지들이 배척 행위를 한다는 것을 보여 줬다.

1966년 곰베국립공원에서 제인 구달이 추적하던 침팬지 무리 사이에 소아마비 전염병이 돌았다.[8] 그 당시 연구자들은 침팬지의 행동을 섬세하게 분석하기 위해 캠프에서 이들을 과일로 유인했다. 소아마비 전염병에 걸린 침팬지들은 힘겹게 이동했는데 움직임이 이상했다. 같은 무리의 대다수 건강한 침팬지들은 소아마비 전염병에 감염된 불쌍한 침팬지들과 3미터 이내로 가까이 다가가기를 피했다. 두 다리를 쓰지 못하게 된 늙은 수컷 침팬지 맥그리거McGregor의 피할 수 없는 운명은 시사하는 바가 컸다. 그는 분리된 두 짐짝처럼 두 다리를 질질 끌면서 두 팔의 힘만으로 바닥을 기어서 이동했다. 마비 말고도 요실금을 겪었고 항상 수백 마리의 파리에 둘러싸여 있었다. 구달의 연구팀은 늙은 맥그리거와 다른 침팬지들 사이의 상호작용을 6일 동안 관찰했다. 맥그리거와 마주쳤던 침팬지 32마리 중에서 대부분이 최선의 경우 그를 모르는 체했고 최악의 경우에는 피했다. 모두가 모여 털을 손질하는 시간에 그 늙고 병든 수컷이 참여하려는 흔치 않은 시도를 할 때에도 그러했다. 단 네 마리의 수컷이 충분히 가까운 거리를 두고 다가가 그를 만졌다. 두 마리는 공격적으로 대했는데, 이는 큰 혼란의 신호였다. 다른 침팬지들보다 좀 더 대범한 그 수컷들은 두려움에 찡그린 얼굴을 하며 맥그리거를 가까이에서 관찰한 다음 서로를 살짝 때리고 안심하려 애쓰면서 서로의 품을 향해 달려갔다. 환자 가까이 머물렀던 유일한 침팬지는 맥그리거의 생물학적 조카 험프리Humprey였다. 때때로 험프리는 자신을 따라오라고 권하면서 맥그리거를 움직이게 유도하려 애썼다. 다른 수컷들의 반응은 이상한 행동에 대한 두려움이 분명했다. 앞서 보았듯 한 무리가 전염 가능성을 차단하기 위해서 아픈 개체를 피했던 이유와 같은 이유로, 새제들이 이상 행동을 보이는 개체를 피한 것이다.

협력을 북돋기 위한 응징

무리의 구성원들 사이에 협력을 꾀하고 공동생활 규칙을 존중하도록 독려하는 데 두 가지 방법이 있다. 협력하는 개체들을 칭찬하고 북돋아 주거나, 아니면 규칙을 거부하고 속임수를 쓰는 이들을 응징하고 그런 의지를 꺾는 것이다. 당연히 두 선택지는 배타적이지 않으며 수많은 사회성 종에게 존재한다고 생각하는 게 자연스럽다. 인간 사회에서는 개인들이 법을 어겼을 때 처벌을 받는다. 이를테면 운전면허가 취소되거나 중대한 범죄의 경우에는 시민권 박탈까지 당한다.

다양한 처벌 중에서도 사회적 배척은 '규범'에서 멀어지는 개체들을 혼내는 극단적인 수단으로 간주될 수 있다. 종신 추방은 무리를 보호하기 위해서 방해가 되는 개체를 멀리 보내려는 목적뿐만 아니라 공동체의 다른 구성원들에게 본보기로 삼으려는 목적도 있다. 인간 역사를 보면 그런 사례들로 가득하다. 중세 시대 신성로마제국의 황제가 내린 '제국 추방령'은 개인의 권리를 박탈하고 누구나 그와 그의 재산을 공격하도록 허용했다. 그렇다면 동물들은 어떤 방식으로 이런 해결책을 보여줄까? 일본인 연구자 두 명이 진행한 모델링 연구는 사회적 배척이 여러 이유로 사회에서 쉽게 나타날 수 있다는 것을 보여줬다.[9] 한 개체를 배척하는 행위로 인해 발생하는 혜택은 응징하는 개체에게 돌아가므로, 잘못을 저지른 개체들을 배제하도록 유도한다. 더욱이 배척의 이익이 공유된다면 다른 구성원들은 더 협력하고 서로 보호하는 경향을 보이고 자신의 몫에 해당하는 대가를 챙길 것이다. 구성원 수가 적을수록 케이크에서 가져가는 개인 몫이 더 큰 법이다. 하지만 사회적 배척이 역효과를 낳을 때도 있다.

　이번에도 침팬지의 사례를 살펴보자. 우두머리들은 서열이 낮은 개체들을 자주 응징하고 공격적으로 행동한다. 심지어 관례에 저항하는 동족을 축출하기 위해서 연합을 결성하기도 한다. 1995년 일본 연구팀은 여덟 마리의 연합이 젊은 수컷 한 마리를 무리에서 축출하는 상황을 기록했다.[10] 젊은 수컷 침팬지 지바Jiba가 부적절한 행동을 해서 난폭하고 거친 대가를 치른 일이다. 보통 침팬지 세계에서 무리 구성원들이 의사소통할 때 쓰는 발성 중에서 특유의 헐떡거리며 으르렁거리는 소리는 우두머리 수컷에게 복종한다는 의미다. 지바는 이 전형적인 소리를 내기를 거부했다. 그것도 수차례 거부했다. 따라서 거부에 대한 보복으로 지바는 서열이 낮은 수컷들로부터 거칠게 축출되었다. 수컷들이 그를 응징한 것은 지바의 잘못을 깨닫게 하려는 목적도 있었지만 우두머리 수컷에게 잘 보이기 위해시이기도 했다. 침팬지들에게 이런 상황은 이례적이다. 사실 무리의 통합을 유지하는 건 이웃 무리들의 공격으로부터 영역을 보호하기 위해서 꼭 필요한 일이자 최우선 과제이기 때문에 무리 간의 싸움에서는 병사 하나하나가 중요하다. 그래서 수컷들의 사회적 배척은 일시적이다. 실제로 젊은 수컷 지바도 추방된 지 석 달 지나 우두머리가 바뀐 덕분에 무리 안으로 다시 들어왔다. 수컷 침팬지들은 오히려 타협적인 것처럼 보이는 반면, 암컷들이 더 호전적이다. 암컷들은 고립된 개체를 몰아내거나 해를 가하고 먹이 자원을 두고 벌이는 경쟁을 줄이기 위해서 우선적으로 혈연관계 개체들과 연합을 맺는다. 수컷과 암컷의 이런 행동 차이는 인간 세계에도 존재하는데, 예컨대 여자아이들이 남자아이들보다 사회적 배척을 더 자주 사용하는 경향이 있다고 알려져 있다.[11]

희생양 현상

프랑스 작가 장 드 라퐁텐Jean de La Fontaine(1621~1695)의 우화 「페스트에 걸린 동물들」은 비극적인 짧은 이야기로 희생양 현상을 떠올리게 한다. 작가는 이야기를 별개의 다섯 부분으로 나눠서 한 사람에게 모든 잘못의 책임을 부당하게 전가하려는 공동체 전략의 힘을 완벽하게 보여 줬다. 이 우화에서 육식동물인 다른 동물들과 다르게 유일한 초식동물인 당나귀는 무리의 이상적인 표적이다. 늑대의 발언 이후—"옴에 걸린 이 대머리 때문에 이 모든 불행이 일어난 겁니다"—당나귀는 페스트를 가져온 장본인으로 고발당했고 사형 처벌을 받았다.

희생양 현상은 사회성 집단에 고르지 않게 퍼져 있다. 인간 사회 대부분에서 되풀이되는 희생양 현상은 인간 외의 동물 세계에서 거의 연구되지 않았다. 사회심리학에서 진행된 여러 연구를 보면 집단에 위협이 될 수 있을 정도의 스트레스를 오랫동안 겪은 무리는 희생양을 만들어 자신들이 겪는 문제의 이상적인 해결책을 찾으려 할 수 있다는 결론이 나온다. 단 하나의 개체에게 방향을 돌려 폭력을 행사하면서 무리의 구성원들은 자신들의 관계를 강화하거나 심지어 새롭게 관계를 형성한다. 무리 생활 연구 전문가인 톰 더글러스^{Tom Douglas}는 여기에 '협력적 대항^{collaborative resistance}'이라는 이름을 붙였다.[12] 희생양 논리는 무리의 구성원들이 맞붙을 수 없는 우두머리 개체들을 향해 느끼는 좌절감에 좌우될 수도 있다. 그래서 무리의 구성원들은 서열이 낮은 개체, 어린 개체 또는 새로 온 개체를 공격하려 할 수 있다. 어찌 되었든 총알받이 역할을 하는 희생양은 공동체 구성원들 사이의 관계를 강화시킬 수 있다. 유명 인류학자 르네 지라르^{René Girard}는 "온 세상은 희생양들로 득시글거린다"라는 훌륭한 문장을 썼다.[13] 공동체, 집단, 무리 안에서 합심하여 단 하나의 구성원을 향해 증오를 표출하는 모습은 심심찮게 볼 수 있다. 역설적으로 이러한 미움이 반드시 축출로 이어지지는 않는다. 희생양의 존재가 무리의 통합을 견고하게 하지만, 희생양의 부재는 전체의 단결을 해친다는 점에서 희생양은 유용하다. 동물계에서 희생양의 존재를 파악할 수 있으려면 장기간에 걸쳐 동일한 집단을 추적하고 각각의 개체를 식별해야 한다. 그래서 관련 자료가 가장 잘 뒷받침된 사례들은 가축들에 대한 연구라는 점은 그리 놀랍지 않다.

가축들의 사례

암탉을 키우는 모든 주인은 알고 있다. 닭장 안에서의 삶은 잔잔한 긴 강처럼 흐르지 않는다는 것을. 몇몇 수탉과 암탉이 우두머리로서 닭장을 다스리고 나머지 구성원들은 모두 서로 경계하고 조심한다. 자신의 자리를 지키는 일은 중요하며 신참들은 늘 환영받지 못한다. 암탉들이 막내 암탉을 물고 늘어져 쉴 새 없이 쪼아 대며 먹이로 접근하지 못하게 막는 모습이 자주 목격된다. 계속 괴롭힘을 당하는 암탉은 도망칠 수 없다면 죽을 수도 있다. 공동체에서 벌어지는 아주 작은 혼란이 희생양 현상을 일으킬 수 있으며, 이 현상을 통해서 닭장에 먼저 자리를 잡은 닭들이 스트레스를 해소하고 혼란을 피할 수 있다.

솟과 동물들도 유사한 행동을 보이는데, 주로 많은 스트레스를 일으키는 사육 환경과 관련 있다.[14] 높은 밀도가 희생양 현상의 주요 원인 중 하나다. 우두머리들과 서열이 낮은 개체들 사이의 사회적 거리가 유지될 수 없기 때문에 공격을 부추기는 것이다. 또한 동물들은 큰 스트레스를 받는다는 징후로 부적응 행동을 할 수도 있다. 이를테면 수컷들만 있는 무리에서는 교미 행동이 관찰된다. 무리에서 특정 개체를 희생양으로 겨냥해 이런 성관계 행동을 할 수 있는데 사육자가 개입하지 않으면 희생양이 심각한 부상을 입을 수 있다.

게잡이원숭이들의 집단 난투극

'필리핀원숭이'라고도 불리는 게잡이원숭이*Macaca fascicularis*는 이름과는 다르게 게를 먹지 않는다. 기회주의 잡식성 원숭이인 게잡이원숭이는 자연 서식지를 잃으면서 인간과 마을에 더 가까워졌다. 이 원숭이 종은 동물행동학 분야에서 사회조직, 개체들의 관계와 공격적 상호작용을 다룰 때 주요 연구 대상이었다. 프랑스 드 발의 연구도 그중 하나로, 무리 내 희생양의 존재를 밝혀냈다.[15] 그는 예리한 관찰을 토대로, 무리 구성원 수에 따른 상호작용 유형, 그 유형의 성질과 방향을 규명하려 애쓰면서 대립 관계를 연구했다. 특히 몇몇 개체를 향한 동시 또는 간헐적인 행동들에 관심을 가졌다. 그 결과, 필리핀원숭이 무리에서 발생한 공격적 상호작용 중 각각 50퍼센트와 19퍼센트가 두 마리에게 집중되었다는 사실을 발견했다. 그뿐만 아니라 본래 필리핀원숭이는 희생양을 공격하는 연합에 합류하는 성향이 있다. 두 마리 이상의 필리핀원숭이들이 공격할 때 거기에 동참하는 것이다. 표적이 된 특정 개체들을 공격하는 집단 난투극에 동참하는 이런 성향 때문에 희생양이 존재하지만, 항상 희생자의 존재에 어떤 의미가 있는 것은 아니다.

동물 사회의 전쟁

QUAND
LES
ANIMAUX
FONT
LA
GUERRE

7장
평화: 충돌을
비폭력적으로 해결하기

전쟁의 본질을 다룬 전쟁사를 이야기하는 책에서 평화를 언급하지 않을 수 없다. 모든 충돌에는 대가가 뒤따르기 때문에, 동물들은 공격 행동으로 이익을 곧바로 얻을 수 없을 때 충돌을 피하려 애쓴다. 따라서, 수많은 종에 존재하는 가장 덜 호전적인 구성원들이 강한 자만이 살아남는다는 법칙을 어쩔 수 없이 따라야 하는 건 아니다. 이는 난투극이 벌어지더라도 어째서 무리 생활이 자주 선택받고 단독 생활보다 더 나은 방식인지 설명해 준다. 그렇다면 전쟁보다 평화를 등장시키는 데 필요한 조건은 무엇일까?

지배 또는 대혼란

1954년 영국 작가 윌리엄 골딩William Golding은 소설 『파리대왕 Lord of the Flies』에서 비행기 불시착으로 태평양 어느 섬에 고립된 아이들 무리의 모습을 상상했다.[1] 생존한 어른이 단 한 명도 없었기에 또 다른 사회생활이 만들어진다. 아이들이 처음 한 행동 중 하나는 우두머리를 선출하는 일이었고, 그 결과 질서와 안전뿐만 아니라 자유를 상징하는 랠프가 우두머리가 되었다. 바닷가에서 모두가 사이좋게 지내며 어우러졌고 이성이 열정보다 우위에 있는 것처럼 보였다. 하지만 난폭한 아이 잭이 랠프에게 반항하면서 화합이 깨졌다. 그리하여 조직된 사회에 뒤이어 난폭성이 등장했다. 질서가 없는 상황에서 인간은 난폭한 동물의 자연 상태로 되돌아가며, 본능적인 야만성이 우세하고 평화는 사라진다. 다행스럽게도 골딩이 이야기하는 것을 실제로 훨씬 덜 야만스러운 동물종들에게 적용할 수 없다. 자연 상태는 무질서한 상태가 아니다.

사실 사회성의 다양한 형태는 다소 복잡한 사회조직을 수반한다. 이러한 사회조직이 있기에 충돌 발생을 통제하고 충돌을 해결할 수 있다. 무리 내에서 지배 관계는 개체들의 공격성을 한곳으로 집중시켜 평화를 유지하거나 적어도 공격성을 제한하는 데 기여한다. 토머스 홉스의 유명한 문장 "만인의 만인에 대한 투쟁"처럼 동물 개체들의 본성이 폭력적이라 자연 상태의 무질서 속에서 살 것이라는 이미지와는 다르게, 동물 사회는 대체로 암컷과 수컷의 우두머리 개체들을 중심으로 조직된다. 앞서 봤듯이 우두머리들이 사라지게 되면 불안정한 시기와 계승 전쟁이 일어날 수 있다. 이와 관련해 유인원들을 연구한 자료들이 특히 잘 마련되어 있다. 탄자니아 마할레산맥국립공원 한가운데에 서식하는, M 무리라는 이름으로 알려진 침팬지 공동체는 1975년부터 연구되었다. 모든 침팬지 무리에서처럼 M 무리에서도 알파 수컷이 존재하는 동안에는 수컷들의 서열과 사회적 상호작용이 아주 안정적이며 공격 발생 비율도 낮았다. 2011년 10월 2일, 피무Pimu라는 이름의 알파 수컷 침팬지가 네 마리의 성체 수컷 연합에 의해 죽임을 당했는데, 연합 수컷 중에서 알AI, 파나나Panana, 칼룬데Kalunde 이 세 마리는 과거 알파 수컷이었다. 피무의 죽음 이후 침팬지들이 우두머리 수컷의 지위를 차지하기 위해 자주 충돌하여 불안정한 시기가 시작되었다.[2] 그렇지만 서열의 존재만이 긴장과 충돌을 제한하는 유일한 수단은 아니다. 우호 관계를 조성하기 위해 공동체 생활 규칙들이 우두머리들의 권력에 기대어 세워질 필요는 없다.

개체들의 거리 존중

무리 생활은 이를 증명해 주는 사례다. 번식철에 섬이나 절벽에 서식하는 수천 마리의 바닷새들이 가장 전형적인 모습을 보여 준다. 프랑스 바닷가 마을 페로스기레크 앞바다에 있는 루지크 섬에 형성된 북방가넷*Morus bassanus* 군락에는 2만 쌍이 한데 모여 살고 있다. 이는 프랑스 본토에서 가장 규모가 큰 새 군락이다. 하지만 인도양 남쪽에 위치한 프랑스령 크로제군도의 코숑섬에 사는 임금펭귄 군락은 기후 온난화로 개체 수가 최근 급감하기 전에 적어도 50만 쌍에 달했을 정도이니, 여기에 비하면 북방가넷 군락은 정말 작다.[3] 이런 군락들에서 둥지들 사이의 거리는 놀랍게도 균일하다. 실제로 새들은 자신의 둥지에 있으면 이웃한 새들에게 쪼이지 않고 몸을 구부릴 수 있는 거리에 둥지를 틀었다. 다른 새의 부리에 쪼인다면 둥지를 너무 가까이 잡은 탓이다. 우두머리의 그림자가 없는 이런 조직 구조에서는 개체들 사이의 공격적인 간섭을 줄이고 군락 내의 질서와 규율을 유지할 수 있다. 저마다 새 부부의 사적인 영역을 침범하지 않으려 한다. 이러한 거리 유지 덕분에 새들은 이웃한 새들로부터 침입당하지 않고 자신의 새끼를 키울 수 있다.

개체들 사이의 최소 거리 유지로 인해 발생하는 문제는 인간의 사례가 연구되기도 전에 동물종들에게서 탐구되었다. 초

동물 사회의 전쟁

기 연구들은 스위스의 하이니 헤디거Heini Hediger(1908~1992) 덕분이었다. 베른, 바젤, 취리히의 동물원을 관장했던 그는 우리에 갇힌 동물들의 행동을 주의 깊게 관찰할 수 있었다.[4] 그는 자신이 동물들에게 가까이 다가갈 때 이들이 항상 도망치지는 않는다는 것을 알아챘다. 동물들은 우리 안으로 들어온 침입자를 지켜보다가 일정 거리에 가까이 올 때에만 도망쳤다. 대체로 위협을 가하는 상대의 행동, 주변 환경, 위협 가능성에 따라 도망쳐야 하는 거리는 달라진다. 이러한 발견 덕분에 인간 세계에서처럼 야생 세계에서도 개체들 사이의 물리적 거리 두기 필요성에 대한 연구의 길이 열렸다. 하이니 헤디거의 연구에서 영감을 받은 미국 인류학자 에드워드 트위첼 홀Edward Twitchell Hall은 우리가 공간을 차지하고 이웃과 일정한 거리를 유지하는 방식은 타인의 행동에 좌우된다는 사실을 밝혀냈다.[5] 모든 동물처럼 인간도 자신의 사적인 공간에 누군가 침입하는 것을 달가워하지 않는다. 두 개체의 거리가 45센티미터 이하라면 사적 공간의 경계를 넘은 것이다. 이 잡기 또는 성관계에서처럼 자발적인 신체 접촉을 통해서 가까워진 것이 아니라면 두 개체는 서로 상대방에게 공격받는다고 느끼며, 더욱이 도망갈 수 없는 상황이라면 돌연 거칠게 대응할 수 있다. 따라서 무리 생활을 하면서 구성원들이 사회적 평화를 유지하는 방법은 주로 구성원들 사이에 최소

한의 거리를 존중하는 것이다. 예컨대 어린이 무리에서도 인구 밀도가 높을수록 공격적인 행동이 더 많다는 사실이 증명되었다.[6] 아이들은 각자 자신이 지키는 '영역'이 있는 것처럼 어느 한 공간을 차지하고 있는 것이다. 마찬가지로 설치류에서 개체 수 밀도가 높은 경우 무리 내에서 공격적 관계가 관찰되는데, 개체들이 싸운 흔적이 더 많았고 밀도가 더 낮은 무리에서 사는 개체들보다 건강 상태가 더 좋지 않았다.[7] 인간의 수렵 채집인 사회에서도 인구밀도가 더 높아지면 젊은 층의 사망률이 커지는데[8] 그 이유는 아마도 폭력, 유아 살해, 전염병이 증가하기 때문일 것이다. 이러한 밀도와 공격성 사이의 관계 유형은 스트레스가 높은 도시 환경에서 일부 폭력이 최고조를 찍는 이유를 설명할 수 있을 것이다.

하위 서열들이 반란을 일으키지 않는 이유

중요한 질문이 하나 남는다. 그렇다면 어째서 하위 서열들은 사회질서에서 위로 올라가기 위해서 싸우려 하지 않고 자신들의 지위를 받아들이는 걸까? 반란을 일으키지 않고 자신의 운명을 받아들이는 이유를 설명하기 위한 가장 단순한 가설은 하위 서열의 개체들은 기존 질서에 의문을 제기할 수 있을 정도의 신체적 능력을 갖추지 않았다는 것이다. 이러한 열세는 결정적이거나 일시적일 수 있고 세월이 흐르면서 변화할 수 있다. 이를테면 젊은 개체들은 처음에 성체 우두머리들을 전복하기에 충분히 강하지 않겠지만, 성숙하면 우두머리의 자리를 차지하기에 항상 충분하지는 않더라도 더 나은 능력을 보일 것이다.

도토리딱따구리^{Melanerpes formicivorus} 같은 일부 사회성 종들에는 분명 서열의 '대기 줄' 제계가 있다. 약 15마리가 무리를 이루며 사는 도토리딱따구리는 나무에 구멍 수백 개를 정성스레 뚫어서 기근 시기가 올 때 중요해질 도토리들을 엄청나게 많이 저장하기로 유명하다. 도토리딱따구리 사회에서 우두머리와 하위 서열의 관계는 개체들의 나이와 상관이 있다. 가장 젊은 개체들은 무리에 들어올 때 가장 서열이 낮지만, 나이가 더 많고 서열이 더 높은 우두머리 개체들보다 오래 살아남으면서 서열이 올라간다. 그래서 젊은 개체들은 장기적으로 보면 높은 서열을 얻을 수 있기 때문에 처음에 시작할 때 낮은 서열을 감내한다. 미국의 생물학자 메리 제인 웨스트에버하즈^{Mary Jane West-Eberhards}에 따르면,[9] 지배를 받는 개체는 미래에 자신이 지배 서열이 되길 바라기 때문에 전제군주를 견딘다. 따라서 '줄'을 서서 우두머리 지위를 얻을 때까지 자신의 차례를 기다려야 한다. 이런 체계는 실용적이지만, 무리가 상대적으로 작고 안정적인 종들에게만 적용될 수 있다. 점박이하이에나의 경우 수컷들은 성적으로 성숙해지면 다른 새로운 암컷 무리로 들어가기 위해서 뿔뿔이 흩어진다. 여기서도 사회적 지위는 줄을 서서 기다려 얻게 된다.[10] 무리에 들어간 새로운 수컷들은 대기 줄에서 자신의 자리가 도착 순서에 따라 결정되었던 관례를 존중했다. 이렇게 규칙이 지켜지면 수컷들끼리의 공격 정도는 낮았으며 어떤 수컷도 폭력으로 자신의 사회적 지위를 올리려 시도하지 않았다. 자신의 사회적 지위가 점차 상승하는 수컷들은 연합을 이루었고, 서열 높은 수컷들도 우두머리 암컷들과 연합을 결성해 대기 줄의 안정성을 확보했다. 높은 서열 개체들의 이러한 상부상조 체계에서 대기 줄의 상단에 있는 수컷들은 우두머리 자리를 노리며 암컷들을 괴롭히는 서열이 낮은 개체들로부터 암컷들을 도왔고 이는 개체의 충돌을 통제하는 데 서열이 중요하다는 것을 보여 준다.

마지막으로 우두머리 개체들과 하위 서열 개체들이 각자의 위치에서 이익을 얻을 수 있을 것이라는 가설[11]이 있다. 우두머리들은 우선적으로 번식하고 하위 서열 개체들의 먹이 자원을 주기적으로 가로채겠지만 외부 개체들의 침입에 맞서 무리를 지킬 것이다. 우두머리들은 '양치기', 지배를 받는 개체들은 양치기가 지키는 '양 떼'일 것이다.

동물 사회의 전쟁

위로부터 화해까지

사회성 종들에게 충돌은 무리 생활의 일부이기에 이런 충돌을 피하기 힘들어 보인다. 반역과 서열에 대한 의문 제기, 우위 관계의 변화, 계승 전쟁, 성폭력, 배척, 낙인찍기 등 싸움의 원인은 많지만 결과는 대체로 똑같다. 병사들에게 충돌은 상당한 대가를 치르게 하는데 무엇보다 시간과 에너지 낭비가 크고 부상의 위험도 높다. 게다가 잠재적 적들 사이의 관계가 장기적으로 악화되면 무리의 결집을 위태롭게 하기 때문에 더 부정적인 결과를 일으킨다. 그래서 동물들은 개체들의 관계를 개선하는 수단이자 집단 내 교감 회복에 기여하는 위로와 화해의 행동을 취한다. 이런 행동들이 잠재적으로 개체들에게 많은 대가를 치르게 할지라도 집단이 기대하는 이익은 상당할 것이다. 언제나 충돌을 피할 수는 없더라도, 위로와 화해는 개체들에게는 충돌의 여파를 축소하고 사회적 긴장을 감소시키며 원한 감정과 복수심을 억누르는 데 유용할 수 있다. 따라서 자신을 돌보기 위해서 다른 이를 돌보는 개체에게는 그런 행동이 유익해 보인다.

위로 행동은 하나 이상의 개체가 곤경에 빠진 제삼자를 위안하고 친화적인 접촉을 증가시키는 것으로 정의할 수 있다.[12] 신체적 공격이 벌어지는 상황에서 위로 행동은 피해 개체와 중립 위치의 관찰 개체가 관련되어 있는데, 개체가 부상을 당하거나 아플 때부터 나타날 수 있다. 이런 행동은 조류와 포유류에게서 발견되는 공감 반응이다. 인간의 경우 두 살 때부터 나타난다.

화해는 적들끼리 충돌한 이후의 친화적 상호작용이기 때문에 위로와는 다르다. 즉 불화나 싸움 이후 평화롭게 지내기로 결심한 두 개체 사이의 행위다. 1979년 프랑스 드 발과 앙젤린 판 로스말렌Angeline van Roosmalen은 침팬지 무리의 위로와 화해 행동을 연구했다.[13] 그 기록에 의하면, 침팬지들이 화해할 때 충돌에 연루되지 않은 개체들도 그들을 함께 위로하는 모습이 관찰되었다.

행복은 초원에 있다

2016년 미국 털리도대학교의 제임스 버킷James Burkett과 그의 동료들은 주요 과학 저널 《사이언스Science》에 초원들쥐들의 위로 행동에 대한 연구 논문을 발표했다.[14] 미크로투스 오크로가스터Microtus ochrogaster라는 학명의 초원들쥐는 일부일처 종이면서도 매우 사회적인 종이다. 이 작은 설치류, 초원들쥐들은 여러 가족이 무리를 이루며 산다. 서로 털 손질도 많이 한다. 이 연구에서 버킷은 초원들쥐가 같은 종 개체들의 신체적·심리적 고통을 느낄 수 있고, 두려움과 불안을 집단으로 공유하면서 심리학에서 말하는 '감정 전염' 현상을 보인다는 사실을 밝혀냈다. 게

다가 여러 실험에서 초원들쥐들은 친한 개체가 고통의 징후를 보이며 스트레스를 받을 때 먼저 다가가 털 손질을 해 주었는데, 낯선 개체에게는 전혀 하지 않았다. 단 한 순간도 모든 개체가 집단적으로 반응한 적이 없었는데 이는 초원들쥐들이 자신의 상태와 주변 개체들의 상태를 의식하고 있었음을 보여 준다. 연구사들은 여러 가지 생리학적 반응을 측정했다. 이러한 측정을 통해서 두려움과 불안은 피질에 의해 분비되는 호르몬인 코르티코스테론의 증가와 관련이 있다는 사실이 밝혀졌으며, 이는 인간의 공감 작용 원리와 비슷하다는 것을 암시한다.

제임스 버킷 연구팀보다 10년 앞서 케임브리지대학교의 연구자들은 두 까마귀가 충돌한 후 제삼자 까마귀들이 개입하여, 공격한 까마귀든 피해 입은 까마귀든 싸움의 당사자들에게 특별한 관심을 보일 수 있다는 사실을 밝혀냈다.[15] 이 까마귀들은 부리 접촉, 머리의 움직임, 동시에 내는 울음소리나 위로 행동과 유사한 먹이 나누기 등의 행동을 했다. 2010년에 발표된 두 번째 연구에 따르면 난투를 목격한 새들은 그 싸움이 아주 거셀 때에는 피해 입은 새들을 위로하러 올 가능성이 더 높다. 이는 새로운 공격 가능성을 줄이는 결과로 이어졌다.[16] 어찌 보면 위로가 잠재적인 복수를 피하는 수단인 것이다.

실제로 수많은 종이 위로나 화해 행동을 취한다. 유인원들처럼 늑대도 충돌 이후 공격한 늑대와 피해 입은 늑대가 자신의 사회 지위와는 상관없이 똑같은 빈도로 화해하려 했다. 더 흥미로운 점은 충돌에 연루되지 않은 개체들의 위로 행동은 이전에 나타난 화해 행동에 큰 영향을 받았다는 것이다. 이렇듯 개체들은 화해와 위로의 선순환을 이룬다. 그렇지만 한 가지 의문이 든다. 갯과 동물,[17] 하이에나,[18] 염소,[19] 돌고래[20] 등등 몇몇 예외가 있지만, 위로와 달리 화해는 왜 동물 세계에서 더 흔치 않은걸까? 아마도 무리 내에서 관계가 지속되기 때문일 것이다. 수명이 짧거나 무리 내에서 개체들의 회전율이 상당히 빠른 종들의 경우 공격 이후의 화해는 바로잡아야 할 장기적인 관계가 아니라면 이득이 되지 않겠지만 위로는 화해보다 더 직접적인 이득이 된다.

보노보들의 성관계를 통한 평화 회복

보노보^{Pan paniscus}의 사회조직과 충돌 관리에 대한 연구는 많다. 이들에게는 "전쟁이 아닌 사랑을 하라^{Make love, not war}"라는 슬로건처럼 행동한다는 이미지가 각인되어 있지만 현실과 정확하게 일치하지 않는다. 보노보 사회에서도 개체들의 충돌은 잠재적으로 존재한다. 보노보들은 이 문제를 해결하기 위해 성관계를 이용한 평화 회복을 폭력보다 더 선호하는 듯하다. 성관계가 얼마나 중요한지 알아보고 이를 이해하기 위해서 유인원 중에서도 보노보가 어떤 특징을 가졌는지 되짚어 볼 필요가 있다.

보노보는 중앙아프리카 열대림에 있는 콩고강의 좌안과 카사이강 사이의 작은 구역에만 서식하는 고유종이다. 19세기와 20세기 초 사이에 유럽인들이 탐험하던 당시에 보노보는 눈에 띄시 않았다. 유럽인들이 아프리카 대륙에서 죽거나 산 채로 가져온 원숭이들은 모두 침팬지를 닮았다. 단 한 마리를 제외하고 말이다. 1927년 벨기에 과학자 앙리 슈테덴^{Henri Schouteden}(1881~1972)은 테르뷰렌박물관에 막 도착한 작은 몸집의 침팬지 한 마리의 두개골과 피부를 조사했다. 그 침팬지는 오늘날 콩고민주공화국의 북서쪽에 위치한 베팔레 남쪽에서 30킬로미터 떨어진 곳에서 사살된 암컷이었다. 암컷의 작은 키는 박물학자 슈테덴의 호기심을 자극했다. 1928년 1월 그는 자신이 발견한 내용을 콩고동물학회^{Cercle zoologique congolais}에서 발표했고[21] 친구였던 독일의 동물학자 에른스트 슈바르츠^{Ernst Schwarz}(1889~1962)에게 자세한 설명을 맡겼다. 그래서 두개골 하나를 바탕으로 침팬지라고 생각해 판 사티루스 파니스쿠스^{Pan satyrus paniscus}라는 학명을 붙여 침팬지 아종을 최초로 설명하는

○ 1960년대 미국에서 등장한 베트남전쟁 반대 슬로건. 미국의 반문화와 연관이 있다.

영광이 슈바르츠에게 돌아갔다. 그런데 그의 발견은 곧바로 다른 계통학자의 연구에 가려졌다.[22] 미국의 해럴드 제퍼슨 쿨리지Harold Jefferson Coolidge(1904~1985)가 테르뷔렌박물관을 방문했을 때 어린 침팬지의 것과 동일한 침팬지의 작은 두개골 여럿을 모은 전시에 주목했다. 전시된 두개골들의 봉합선이 닫혀 있었기 때문이다. 다시 말하면, 생김새는 어린 침팬지의 두개골과 유사했지만 실은 성체의 두개골이라는 뜻이다. 1933년 쿨리지는 여러 두개골을 측정한 자료와 표본 해부를 바탕으로 피그미침팬지, 보노보종[23]에 대한 제대로 된 설명을 발표했다. 피그미침팬지의 역사는 이제 시작이었다.

보노보는 그저 몸집이 더 작은 침팬지에 불과한 동물이 아니었고 그보다 더 많은 것을 가지고 있다. 프란스 드 발은 보노보를 이렇게 묘사했다.[24] "침팬지들을 모욕하고 싶지 않지만 보노보들이 더 개성이 있다. 긴 다리와 좁은 어깨에 작은 머리를 가진 보노보의 몸집은 침팬지보다 더 매력적이다. 보노보는 검은 얼굴에 불그스름한 입술을 가졌고 귀는 작고 양쪽 콧구멍은 고릴라의 콧구멍만큼이나 넓다. 또한 보노보의 얼굴은 침팬지보다 더 평평하고 표정이 더 솔직하며, 이마가 침팬지 이마보다 더 높은 데다가 정성스레 정중앙 가르마를 한 가늘고 긴 검은 머리카락으로 매력적인 헤어스타일을 가지고 있다." 이렇게 매

동물 사회의 전쟁

력적인 외모 말고도 이들은 수컷들끼리든 암컷들과 수컷들끼리든 서로 공격적인 행동을 거의 하지 않고 심지어 다른 무리의 개체들에 대해서도 마찬가지다. 보노보 공동체는 침팬지 공동체와 몇몇 미묘한 차이가 있지만 꽤 비슷한 사회 공동체를 형성한다. 수컷들은 자신이 태어난 무리 속에서 살아가지만 암컷들은 청소년기에 공동체를 예외 없이 바꾼다. 무리 내에서 보노보 수컷들과 암컷들은 침팬지들보다 더 자주 함께 지내며 친화적 상호작용을 한다. 청소년기 암컷들은 단독 생활하는 경우는 드물고 적어도 한 마리의 성체 암컷과 긴밀하게 연결되어 있다. 대체적으로 이들의 관계는 우호적이다. 동물 세계에서는 상당히 흔치 않은 이런 모습은 왜 보노보가 빠르게 사회 평화의 상징이 되었는지 설명해 준다. 아마 이보다 더 중요한 점은 폭력이 생물학적 원인 탓이 아닌 것처럼 보이게 만들면서 인류에게 희망을 준다는 것이다.

우리에 가둔 무리 또는 야생 무리에 관한 초기 연구에서 성 관계는 곧바로 보노보의 여러 특징 중 하나로 나타났다.[25] 보노보의 성적 행동은 인간종을 제외한 다른 영장류들과는 여러 면에서 다르다. 보노보 개체들은 나이와 성 모든 조합에서 성적 상호작용을 할 수 있다. 이성 간뿐만 아니라 동성 간에도 교미하는데, 얼굴을 마주 보면서 하고 등과 배를 맞대면서도 한다.

암컷이 교미를 주도하는 만큼 수컷도 교미를 주도한다. 이러한 사회–성적socio-sexual인 접촉은 보노보 무리 내에서 스트레스를 조절하고 긴장을 줄이며 구성원들의 평화로운 공존을 용이하게 한다. 그래서 번식 욕구와 무관한 성적 행동 대부분은 먹이와 관련된 상황, 무리 내 상호작용이 일어날 때 또는 싸움 이후처럼 사회적으로 복잡한 국면에서 일어난다. 먹이가 전쟁의 주요 원인이기 때문에 먹이 경쟁을 제어하고 먹이를 공유할 수 있는 수단으로 성관계가 나타난다. 예컨대 먹이를 보유한 보노보들에게 성적 접촉을 제공한 보노보 개체들이 먹이 자원에 접근할 기회가 더 많다. 보노보들은 폭력을 동반한 좀도둑질보다 성적 접촉의 대가로 먹이를 제공하는 방안을 선택한 것이다. 또 다른 연구는 야생 무리 내에서 싸움이 일어난 이후 적대적이었던 암컷들의 생식기 접촉이 증가했다는 점을 밝혀냈다.[26] 위로와 화해 행동은 더 자주 성적으로 표출된다. 피해를 입은 보노보는 위로하는 보노보와의 성적 접촉의 혜택을 받으면서 스트레스 징후가 더 적게 나타났다. 전체적으로 모든 연구가 보노보들의 성관계는 사회적 충돌과 긴장을 조절하는 역할을 한다고 강조한다. 동물 세계에서 이런 예외적인 사례는 과학자들의 호기심을 무척이나 자극한다. 이를 설명하기 위해서 연구자들은 환경적인 요인들을 우선으로 꼽았다. 보노보는 자신들이 사는 분포 구역

　　　　　　　　　　　동물 사회의 전쟁

에서 유일한 유인원들이어서 침팬지와 고릴라로부터 고립되었고 먹이 자원이 특히나 풍부한 숲에서 살고 있다. 그리고 주로 채식을 한다. 먹이 자원을 두고 경쟁할 필요가 거의 없는 환경은 보노보가 평화로운 행동을 하는 주요 이유 중 하나일 수 있겠지만, 유일한 이유는 분명 아니다. 다른 이유를 찾아내려면 더 많은 동물 사회를 연구해야 한다. 그런데 여기에 올리브개코원숭이를 대상으로 한 예외적이면서 드문 연구가 더해졌다.

올리브개코원숭이가 발명한 사회적 평화

로버트 M. 새폴스키Robert M. Sapolsky는 스탠퍼드대학교 생물학과 및 의과대학 신경학과 교수이며 스트레스와 신경 퇴화 분야 전문가로서 세계적으로 유명하다. 1978년부터 케냐에서 올리브개코원숭이Papio anubis들을 연구해 온 그는 특히나 사회적 관계와 환경 속에서 개체들이 받는 스트레스의 원인과 결과에 관심이 있었다. 올리브개코원숭이라는 이름은 회녹색 털에서 비롯된 것이다. 성적 이형이 매우 커서 수컷은 키가 70~90센티미터에 몸무게는 30~40킬로그램인 반면에 암컷은 키가 50~70센티미터에 몸무게는 최대 25킬로그램이다. 아프리카에 가장 널리 퍼져 있는 개코원숭이종으로, 서식지가 말리부터 에티오피아까지, 기니부터 탄자니아 북쪽까지 이어져 아프리카 대륙의 중앙에 긴 띠를 이루고, 서식 환경은 나무가 우거진 사바나부터 우림까지, 그리고 사막부터 도시화된 지역까지 굉장히 다양하다. 이러한 분포는 올리브개코원숭이가 거의 모든 식생에서 먹이를 얻는 능력과 먹이를 찾는 유연한 전략을 갖고 있기 때문이다.

올리브개코원숭이들의 사회조직은 수많은 영장류의 전형을 따른다. 새끼와 함께 있는 암컷들과 몇몇 성체 수컷들로 구성되어 20마리에서 100마리까지 이를 수 있는 무리에는 강력한 서열이 있다. 암컷들은 자신이 태어난 무리에 머무르지만 수컷들은 성적 성숙 시기에 새로운 무리를 찾으러 뿔뿔이 흩어진다. 개체들의 사회적 역할은 나이, 성, 서열, 혈연관계와 모두 연관이 있다. 올리브개코원숭이들 사이의 지배 관계는 성별 사이에도 다르게 세워진다. 암컷들의 경우 사회 서열은 어미 혈통에 좌우되지만 수컷들의 경우 공격적 상호작용의 결과다. 서열이 높은 수컷들이 암컷들에게 우선적으로 접근할 수 있으므로 수컷들의 지위는 그들이 번식 기회를 얻을 수 있는지를 결정한다. 이러한 일부다처의 번식 체계에서는 수컷들 사이의 공격이 상당히 크게 일어나며 무리에 큰 긴장을 일으킨다.

1978년부터 새폴스키는 케냐의 마사이마라국립보호구의 자연구역에 사는 올리브개코원숭이 무리들을 연구했다. 그중 하나를 '숲 무리'라 불렀다. 1980년대 초부터 숲 무리의 구성원

동물 사회의 전쟁

들은 관광 안내소로부터 1킬로미터가 채 안 되는 거리의 나무들에서 잠을 잤다. 야외에는 관광객들이 이용하는 숙박 시설인 로지lodge에서 나오는 쓰레기와 점점 더 많아지는 인구로 인해 발생하는 쓰레기를 처리하기 위해서 쓰레기 구멍이 파여 있었다. 숲 무리의 많은 수컷이 이곳에 버려진 찌꺼기들을 먹으러 왔다. 새폴스키는 2004년 논문에서[27] 나이와 사회 서열과 상관없이 가장 공격적인 올리브개코원숭이들만이 위험을 무릅쓰고 쓰레기장으로 갔다는 사실을 확인했다. 그들은 쓰레기장 옆에 사는 '도로 청소부'라 불리는 두 번째 무리의 수컷들과 경쟁하는 상황에 처했다. 공격성은 쓰레기 더미에서 한 자리 차지하기 위한 필요조건이었다. 반면에 더 온순한 수컷들과 암컷들, 어린 개체들은 쓰레기장에서 멀리 떨어져 있었다.

그런데 1983년 올리브개코원숭이들이 소결핵 전염병에 걸렸다. 쓰레기장에서 소결핵균에 감염된 고깃덩어리에서 옮은 듯했다. 주기적으로 쓰레기를 먹으러 오던 숲 무리의 수컷들 모두가 4년 만에 죽었는데 이는 성체 수컷의 46퍼센트를 차지했다. 음식 쓰레기장에서 멀리 떨어져 있던 개체들은 한 마리도 감염되지 않았다. 예측할 수 없을 정도로 잔혹한 이 전염병은 쓰레기장에 자주 왔던 가장 공격적인 수컷늘을 비롯해 수컷의 절반을 없앴고 무리에서는 더 온화한 개체들만 살아남았다. 이 사건이 숲 무리의 사회조직에 일으킨 여파는 상당했다. 우선 암컷들이 성체 수컷들보다 훨씬 더 많아졌다. 그리고 공격성이 가장 낮은 개체들만이 살아남았기 때문에 무리의 행동이 눈에 띄게 변했다. 1986년 연구자들의 연구에 따르면 수컷들과 암컷들 사이에 털 손질과 친화 행동의 비율이 높아지고 지배 서열은 느슨해졌으며 서열이 낮은 수컷들의 스트레스는 굉장히 낮아졌는데 이는 공격 위험이 낮다는 신호였다. 사회 분위기는 전반적으로 호의적이고 평화로웠다. 전염병으로 인해 연구자들은 하는 수 없이 영역을 떠나야 했다. 1993년에 이들이 돌아왔을 때 무리는 어떻게 되었을까? 새로운 개체들은 어떻게 행동했을까? 올리브개코원숭이들의 '플라워 파워Flower Power'°는 거친 짐승 세계에서 매력적인 여담으로만 끝났을까? 아니면 지속 가능한 새로운 삶의 방식이 되었을까?

1993년에는 1986년 이전 시기의 성체 수컷들은 단 한 마리도 남아 있지 않았다. 새로운 개체들은 모두 그 시기 이후로 무리에 들어왔다. 관찰자들은 공격적인 우두머리 수컷들과 가까이 자랐던 여러 다른 무리에서 온 개체들이 합류하면서 전염병 이전의 공격성을 회복할 것으로 예상했으나 완전히 놀라운 일

° 1960년대 말~1970년대 초, 미국에서 일어난 비폭력 운동을 빗댄 표현.

이 일어났다. 숲 무리는 1986년 관찰되었던 행동 특징들을 보존하고 있었다. 새로운 개체들도 전염병 이후 무리의 개체들이 보인 차분한 태도를 취했다. 서열이 높은 수컷들은 상호작용에서 서열이 낮은 수컷들에게 더 너그러웠고 괴롭힘의 정도가 굉장히 낮았다. 연구자들은 그 이유를 찾아냈다. 수컷보다 암컷의 비율이 더 많은 상황에서 수컷들끼리 암컷에게 접근하려는 경쟁이 약화된 탓에 충돌 행동은 쓸데없는 일처럼 보였다. 게다가 폭력적이지 않은 수컷들을 둘러싼 암컷들이 보통 여러 관계를 맺는 경향을 보였다. 이런 특수한 상황에서 새로운 수컷들의 공격성은 더 줄어들었다. 긍정적인 피드백의 순환처럼 새로운 수컷들의 행동이 다른 수컷들의 행동을 강화해 '사회 평화'라는 문화가 나타날 수 있었던 것이다.

인간의 자기가축화

1859년[28]과 1871년[29]에 각각 발표된 혁명적인 두 작품에서 찰스 다윈은 생물학에서 중요한 질문들을 다뤘다. 이는 수많은 연구의 길을 열었고 여전히 다뤄지는 주제들이기도 하다. 그중 하나는 1868년 그가 발표한 책『가축화된 동물과 재배된 식물의 변이The Variation of Animals and Plants under Domestication』의 중심 주제였다.[30] 다윈은 가축화된 많은 종에게서 관찰된 표현형 형질이 인간의 인위적인 선택 또는 '무의식적 선택'에 의해서 진화된 것이라는 견해를 제시했다. 특히 이런 유사한 특성들은 모두 야생에서 살던 선조들에게는 관찰되지 않았다. 여기서 가축화 증후군 domestication syndrome 개념이 탄생했다. 1세기 후 러시아 유전학자 드미트리 벨랴예프Dmitri Belyayev(1913~1985)[31]가 은회색 털을 가진 붉은여우와 밍크Mustela vison를 연구하여, 가축화 증후군은 우리에 갇히거나 가축화된 상태가 유지된 종들에게서 온순함이 선택되면서 나온 결과라는 것을 밝혀냈다. 인간은 조금씩 공격적 반응을 없앴다. 직접적으로는 번식시킬 때 가장 차분한 개체들을 선호했고, 간접적으로는 가장 공격적인 개체들이 속박을 견디지 못해서 계속 다치고 스트레스를 더 받았으며 결국 살아남아서도 번식을 더 적게 했기 때문이다. 가축화 증후군의 놀라운 사례는 늑대를 시작으로 한 개의 진화다. 연구자들의 관찰은 시사하는 바가 컸다. 개와 늑대의 주된 차이 중 하나는 표정에 있었다. 늑대는 거칠고 위협적으로 보였지만 개는 온화하고 든든해 보였다.[32] 이러한 연구를 진행한 다른 연구자들은 가축화로 인해 개의 눈을 둘러싼 근육이 진화하여, 인상일 뿐이지만 살짝 슬퍼 보이는 모습의 처진 눈이 되었다는 사실을 밝혔다. 왜 그럴까? 보통 개의 슬픈 눈은 어린 인간의 표정을 떠오르게 하며, 그런 눈을 가진 개가 기르기 쉽고 가장 온순해 어루만져 주기 가

동물 사회의 전쟁

장 좋은 개체들인데, 이러한 이유로 인해 여러 세대를 거치면서 인간은 슬픈 눈의 개를 선호했을 것이기 때문이다. 그렇다면 여러 종들을 가축화한 현대 인간은 수십만 년 전부터 어떻게 진화했을까? 점차 더 많아지는 인간 무리의 등장과 정착의 결과는 무엇일까?

고양이나 염소 등 가축화된 수많은 동물종들처럼 인간의 두개골 부피는 3만 년 전부터 급격하게 줄어들었다.[33] 우리의 뇌는 현재까지 서서히 줄어들어 조상의 뇌보다 15~20퍼센트 더 작다. 호모 사피엔스는 공격적인 반응을 유발하는 상대방에 대한 반응성 공격 행동과 반대되는 강력한 선택을 겪었던 것이다. 연구자들은 이러한 선택에 '자기가축화autodomestication'라는 이름을 붙였다. 인간의 자기가축화는 인간의 행동, 인지, 생리학적 여러 특징을 설명할 수 있기 때문에 신뢰할 수 있는 이론이다.

자기가축화 가설을 주장한 학자들 중 한 명인 리처드 랭엄은 현재 최고의 영장류학자이자 인류학자다. 하버드대학교의 인류진화생물학과에서 연구하고 있는 그는 2019년 발표한 리뷰 논문에서 인간의 가축화 증후군과 이로 인한 개인 간 관계 변화를 다룬 연구 결과를 인상적인 도표로 제공했다.[34] '가축화된 인간'에 비교힐 '야생의 인간'이 없는 탓에 호모 사피엔스이 가축화 증후군을 입증하기 위해서 화석화된 우리 조상들의 특징과 현재 우리의 특징을 비교해야 했다.[35] 신체 치수가 전반적으로 줄어들었고 치아의 크기가 줄면서 얼굴 크기도 작아졌으며 성적 이형도 좁혀졌고 두개골 용량도 감소되었다. 랭엄은 다른 영장류보다 인간종의 폭력 정도가 더 낮은 이유를 설명할 수 있는 요인들을 연구하면서, 힘이 세고 공격적인 인류 개체들이 선택되지 않는 현상을 설명할 때 복잡한 언어와 연관된 협력의 진화가 가장 설득력 있는 작용 원리 중 하나라는 결론을 내렸다. 정교한 의사소통은 싸움에서 상대적으로 힘이 약한 수컷들이 공격적인 우두머리 알파 수컷들을 제거하기 위한 협력을 계획할 수 있는 수단이었을 것이다. 무리의 폭군을 제거하기 위해서 계획을 짜는 일은 복잡한 언어가 없으면 불가능했다. 인간의 언어는 분명 다른 이유들로 진화했지만, 언어가 일단 쓰이게 되자 의사소통이 정교하게 진화하는 과정에서 부차적인 현상으로서 공격성이 줄어들었을 수 있다. 가축화 특징들이 진화하도록 촉진하는 긍정적인 피드백 순환이나 다름없다. 결국 공격성의 감소는 가장 폭력성이 덜한 개체들에게 유리하게 작용하는 협력적인 문화가 선택되었기 때문일 것이다. 이 사례는 공격적인 올리브개코원숭이들이 우발적인 사고로 사라진 이후에 나타난 개체들의 성향 변화와 상당히 비슷하다.

결론:
전쟁은 필연적이지 않다

전쟁은 결코 명백한 것처럼 보이지 않지만 전쟁 상태는 전혀 사라지지 않는다. 전쟁은 항상 피할 수 있는 것처럼 보이지만 실제로 그런 적은 없다.

전쟁은 불가피하게 집단 폭력으로 이어지는 극심한 불균형의 결과처럼 보인다. 즉 자원과 영역 사용, 무리 내의 성적 관계, 지배 위치와 서열과 관련한 종, 사회집단 또는 개인 간의 부조화 등이다.

전쟁 상태는 무리가 일시적으로 벗어났던 안정 지점을 되찾는 데 유용한 악일까? 그렇다면 전쟁이 없으면 작동할 수 없는 사회 체계를 전쟁이 보장하는 것일까? 어느 한 무리가 이런 균형 지점에서 너무 벗어나는 순간부터 충돌은 손해를 회복하려는 난폭한 해결책이 될 것이다. 마치 작동하지 않는 컴퓨터를 재부팅하기 위해 '리셋' 버튼을 누를 때와 같다. 최선책이 없어 최후의 수단으로 작동 가능한 급진적인 해결책인 것이다. "좋은 전쟁이 필요하다"라는 유명한 표현은 이런 생각을 완벽하게 요약한다. 사람들이 생활 속에서 너무 큰 혼란을 느끼고 삶의 지표가 증발해 버릴 때면 사회를 바로잡기 위한 좋은 전쟁이라는 이미지가 다시 나타난다. 백지상태로 만든 다음 건강한 기반에서 다시 시작한다는 것이다. 하지만 이런 이야기는 우리의 싸움, 고문, 집단 학살, 조직적 강간, 제노사이드가 동반된 끔찍한 필연적 결과가 우리 기억에서 사라졌다는 걸 여실히 보여 준다.

그렇다면 전쟁을 수단으로 쓰지 않고 살아가는 건 가능할까? 여기서도 인간이 아닌 동물들이 우리에게 몇 가지 생각의 실마리를 제공한다. 이를 살펴보려면 자연선택에 대한 결정적인 검토가 반드시 필요하다.

모호한 현상, 경쟁

다윈의 자연선택은 서로 간의 치열한 경쟁, 약자를 해친 더 강한 자의 생존, 지연에서 끝나지 않는 시두 등 항상 너무 단순화된 해석으로 축소되는 일이 잦다. 이러한 관점은 탐욕을 위해 떠

밀린 사람들 사이의 "만인의 만인에 대한 투쟁"이라는 표현을 쓴 홉스의 관점이다. 상당히 강력한 권력기관 없이, 국가 없이, 자신들의 원초적인 이기주의 충동에 빠진 인간들은 자신들의 폭력적인 생물학적 본성에 저항할 수 없을 것이다. 소유욕에 갇힌 우리는 현실적이거나 예측되는 공격에 맞서 우리의 재산을 지키기 위해서 언제든지 싸울 수 있는 영원한 충돌 상태 속에서 살아갈 것이다. 장자크 루소Jean-Jacques Rousseau의 관점도 자연에서 폭력을 배제하지 않지만 홉스와 반대로 인간의 폭력 남용을 사유재산과 이로 인해 생기는 불평등의 탓으로 여겼다.[1] 하지만 권력기관, 국가, 전제군주의 존재가 폭력을 완화해 줄 일시적인 해결책으로 나타날 수 있다 하더라도 그 존재는 주로 환상에 불과하다. 현대로 구분되는 우리 사회는 확립된 질서가 사회 구성원들의 관계를 평화롭게 만든다고 믿기를 좋아하지만 거대한 집단 폭력을 일으킬 수 있다는 점을 잊고 있다. 집회, 감옥, 경기장, 국경선에서 아니면 집단 대량 학살에서도 폭력이 존재한다. 사회를 통제하기 위한 국가의 폭력 증가 현상은 불평등, 불균형으로 인해 이러한 사회가 일으키는 폭력과 관계가 있다. 이런 관점은 몽테스키외Montesquieu의 사상에 집약되어 있다. "민중이 공화정부를 매우 소중하게 여기는데 이를 기뻐하는 나라들이 거의 없다는 건 놀라운 일이다. 그리고 사람들이 끔찍이 폭력을 증

동물 사회의 전쟁

오하는데 많은 나라가 폭력에 의해 지배당한다는 건 놀라운 일이다."[2]

다윈의 『종의 기원On the Origin of Species』을 세심히 검토하면서 현재 우리의 지식을 살펴본다면, 앞서 본 관점들은 반박된다.[3] 우선, 다윈이 생각하기에 생존을 위한 싸움은 단순한 경쟁으로 요약되지 않는다. 싸우는 이유는 여러 가지이며, 이런 여러 다른 이유들이 생물들의 생존과 번식의 차이를 설명한다. 이는 포식과 기생처럼 다른 상호작용일 수 있고, 번식 성공의 차이를 설명하는 환경의 물리적 요인(기온, pH, 습도 등)에 맞선 싸움일 수 있다. 따라서 싸움은 전투라기보다는 생물들이 생존하는 데 겪는 난관이다. 하지만 다윈이 책에서 "자연의 전쟁, 굶주림, 빈곤…"을 언급할 때처럼 극적인 단어를 사용했기 때문에 그의 잘못도 약간 있다.

다윈의 생각은 종종 다른 목적으로 사용하기 위해서 잘못 해석되기도 했다. 이와 관련한 한 가지 슬픈 사례는 영국의 사회학자 허버트 스펜서Herbert Spencer의 사회다윈주의다. 그는 종을 개선하기 위해서 가장 능력이 없는 인간을 배제해야 한다고 역설했다. 더욱이 스펜서는 "국가는 권리를 수호하는 역할 외에 다른 역할이 없다. 국가는 기래를 통제하고 민중을 교육하고 종교를 가르치고 자선사업을 해선 안 된다. 다리와 철도를 건설해선 안 된다. 국가는 그저 인간의 자연권을 지키고 개인과 재산을 보호해야 한다"라고 말하는 경제적 자유주의의 창시자 중 한 명이다. 자연권에 대한 생각은 논란의 여지가 있으며, 그는 경제적 경쟁과 자연선택의 유사점들을 기술할 때 경쟁이 종들 사이에 일어날 법한 상호작용에 불과하다는 것을 망각했다.

자연에서 물질적 재산 소유는 권력 획득처럼 싸움의 원인이다. 최고의 영역을 확보하기 위해서 무리들 사이에서 벌어지는 전쟁은 영속적이다. 우두머리 개체들을 주축으로 하는 서열은 폭력을 통제하는 것처럼 보이지만 운이 가장 좋은 자들의 자리를 차지하려는 욕망과 열정을 부추기기도 한다. 영장류나 하이에나에게서도 봤듯이 우두머리를 전복하기 위한 동맹 게임은 끊이지 않는다. 개미들의 경우 여왕개미들이 전쟁을 자주 벌인다. 하지만 서열이 덜 위계적이고 더 협력적인 다른 사례도 존재할 수 있을까? 전쟁이 없고 폭력도 개인 간의 단순한 다툼에 한정된, 전제군주가 없는 사례가 있을까?

협력부터 도덕 감각까지

철학자들에게만큼이나 생물학자들에게도 동물 세계의 협력을 이해하는 건 늘 문제였다. 20세기 중반부터 이타주의, 상리 공생 또는 상생 등 다양한 용어들로 재분류된 여러 현상과 개체들 사이의 긍정적 상호작용에 대한 관심이 점차 높아졌다. 여기서 또 다윈을 언급하자면, 1871년 저서에서부터 그는 집단 사냥에서 나타나는 개체들의 공조 등의 협력 현상 또는 무리 모두에게 위험을 미리 알리기 위한 보초병들의 존재를 주장했다.[4] 그는 또한 "사람들이 당신에게 해 주길 바라는 행동을 그 사람들에게 하라"라는 규칙을 선택하도록 이끄는 도덕 감각이 인간에게도 있다는 것을 인정했다.

하지만 꿀벌통을 지키기 위해 적에게 벌침을 쏘면서 자신을 희생하는 꿀벌들처럼 무리에는 이롭지만 개체들에게 불리한 표현 형질의 진화를 어떻게 설명할 수 있을까? 다윈 이후로 영국의 유명하고 뛰어난 생물학자 윌리엄 도널드 해밀턴William Donald Hamilton(1936~2000)은 이타성에 대해 제기된 문제의 해결책을 처음으로 제시했다.[5] 해밀턴의 말에 따르면 자신의 몸을 바치는 개체들과 같은 유전자를 보유한 개체들에게 이익을 가져다주기 때문에 그런 형질이 선택된다. 내 가족의 구성원을 도우면서 나는 내 자신을 약간 돕는 것이다. 내가 내 여자 형제의 번식을 도우면서 내 절반이 번식되는 것이다. 이는 혈연관계에서 작동하는 방식이다. 그렇다면 다른 혈통 출신의 개체들 사이의 상부상조와 이타성을 어떻게 설명할 수 있을까? 1971년, 상호 이타성을 설명하는 명예가 미국의 사회생물학자 로버트 트리

버스Robert L. Trivers에게 돌아갔다.[6] 상호 이타성 현상은 이타주의 개체가 자신의 생존과 번식의 확률을 높여 줄 것을 기대하면서 다른 개체들의 생존과 번식의 확률을 높여 주는 행위다. 정리하자면 가는 게 있으면 오는 게 있는 원칙이다.[7] 이런 특수한 상황에서 이타주의 행동의 비용은 자신에게 되돌아오는 이로운 행동의 가능성으로 보상될 것이다. 보상이 나타나려면 개체들이 규칙적으로 상호작용할 수 있고 서로 알아볼 수 있으며 자신의 행동이 자신에게 되돌아와서 받을 수 있을 정도로 충분히 오랫동안 살아야 하는 등의 조건들이 필요하다.

아무리 이타주의 개체들의 모습이 아름답더라도 상호 이타성의 사례가 자연에서 흔치 않다는 사실을 분명하게 확인할 수 있다. 1998년 길버트 로버츠Gilbert Roberts와 토머스 셰랫Thomas Sherratt 두 연구자는 첫 연구 사례를 재검토했고, 개체들이 자신들의 투자에 더 신중하게 접근할 수 있었다는 것을 밝혀냈다.[8] 이를테면 모르는 이를 향해 행동을 취하기로 결심한 개체는 작은 규모의 선행을 해서 자신에게 되돌아오는 상호 선물이 무엇인지 평가해 본다. 교환이 이득이라면 두 개체는 서서히 자신들의 선물의 질을 높여 완전히 협력하는 파트너가 될 것이다. 반대의 경우, 손실이 미미한 수준에서 두 개체는 비용 치르기를 중단하고 어떤 선행도 하지 않을 것이다. 최근 연구를 통해서 연구팀

은 몸집이 작고 흡혈동물에 속하는 흡혈박쥐*Desmodus rotundus*가
이런 규칙을 따르는 것으로 보인다는 사실을 밝혀냈다.[9] 흡혈박
쥐는 혈연관계가 아닌 개체들에게 게워 낸 피를 주는 상호 이타
성으로 유명하다. 흡혈박쥐들은 굶어 죽지 않으려면 사흘마다
먹어야 한다. 다른 포유류와 조류처럼 먹이를 찾는 일이 힘들기
때문에 몇몇 불운한 흡혈박쥐들은 한밤중 먹이 탐방을 실패로
마치고 이른 아침에 공복으로 무리에 되돌아올 수 있다. 굶주린
개체가 가장 운이 좋은 파트너에게 혈액을 달라고 요청하면 그
파트너가 토해 낼 것이다. 하지만 이렇게 큰 비용이 드는 행동을
하기 전에 두 파트너는 긴 시간 동안 서로 털 손질을 시작한다.
작은 관심을 통해서 그들 관계의 견고함을 시험하는 방식이다.
이 작은 관심은 점차 더 커져 궁극적으로 자신들에게 가장 소중
한 것, 즉 먹이 나눔으로 이어진다. 따라서 이러한 전략을 통해
서 파트너가 신뢰할 만한 상대가 아니라면 위험을 감수하지 않
고 시간이 흐르면서 신뢰 관계를 확립할 수 있다. 1998년 처음
제기된 이 개념은 인간을 비롯한 수많은 다른 사회성 종에도 적
용될 수 있을 것이다.

왜 전쟁을 할까

협력이 가능한데 개체들 간 그리고 집단 간의 전쟁 충돌이 그

렇게 빈번하게 일어나는 상황을 어떻게 이해할 수 있을까? 배신자들이 집단을 속이기 때문에 협력이 어떤 형태로든 쇠퇴할 수도 있을까? 상대에 대한 신뢰를 잃은 개체들은 저마다 경계를 한다. 경제학자인 한국의 최정규와 미국의 새뮤얼 볼스Samuel Bowles는 2007년 이타적이면서 공격적인 사람들이 실제로 있을 수 있다는 사실을 밝혀냈다.[10] 컴퓨터 시뮬레이션을 바탕으로 두 경제학자는 개인들이 서로 다른 두 가지 모습을 가지고 있는 세상을 상상했다. 그들은 첫 번째로 너그러운 사람이거나 외국인을 싫어하는 사람일 수 있고, 두 번째로 이타적인 사람이거나 이기적인 사람일 수 있다. 그렇게 해서 우리는 네 가지 인간 유형이 있는 세상에서 살아간다. 한쪽에는 너그럽고 이타적인 사람과 너그럽고 이기적인 사람, 그리고 다른 쪽에는 외국인을 싫어하고 이타적인 사람과 외국인을 싫어하고 이기적인 사람이 있다. 싸움 위험이 나타날 때 외국인을 싫어하고 이타적인 사람이 가장 큰 승리자다. 왜냐하면 이런 상황에서 너그러운 사람들은 싸우기를 거부하고 이기적인 사람은 집단 싸움에 동참하기를 거부하기 때문이다. 외국인을 싫어하고 이타적인 사람들만이 전쟁에 나서기로 한다. 하지만 평화의 시기에는 너그럽고 이기적인 사람이 가장 큰 수혜자다. 집단이란 전쟁의 위험에 대한 대응으로 형성된 것이다. 외국인을 싫어하고 호전적이면서도 이타적인 사람들은 무리 밖에서 오는 위협과 내부에 존재하는 위협에 함께 맞서기 위해서 동맹을 만들어 '그들에 맞선 우리'라는 역동성을 바탕으로 활동하기 때문이다.

전쟁 상태는 집단생활을 이루지만 집단생활의 긴장의 결과이기도 하다. 이때부터 전쟁은 메달의 이면처럼 협력의 어두운 면으로 나타나지만 피할 수 있다. 평화를 향한 길은 교육과 문화에 대한 문제이기도 하다. 유명한 교육자이자 의사인 마리아 몬테소리Maria Montessori(1870~1952)는 이런 말을 했다. "모두가 평화에 대해서 말하지만 아무도 평화를 교육하지 않는다. 우리는 경쟁을 위해 교육하는데 경쟁은 모든 전쟁의 발단이 된다. 우리가 협력을 위해 교육하고, 함께 연대하기 위해 교육할 때, 그날에야 비로소 우리는 평화를 교육하게 될 것이다."

감사의 말

세실, 앙젤 그리고 엘리아, 곁에 있어 주고 기다려 줘서 고마워.

내 고양이들 오지와 스카이, 그리고 내 사랑스러운 강아지 토미도 고마워.

내 친구들 프랑수아자비에, 제롬, 마티아스, 프랑수아, 나를 응원해 줘서 고맙다. 우리가 이야기를 자주 나누지 못해 아쉽다.

그리고 이 책을 주의 깊게 읽고 소중한 의견을 들려준 올리비아 르카상스와 요안나 블랑에게 특별히 감사 인사를 전한다.

에티엔느 클랭°의 발문

"고전주의 시대의 그리스 사람들에게 전쟁은 자연스러운 일이다."
장피에르 베르낭Jean-Pierre Vernant°°

『동물 사회의 전쟁』을 모두 읽고 이 발문을 쓰기 시작하기까지 무려 3주라는 시간이 흘렀다. 충격을 견디는 데 필요한 시간이었다. 어린 시절 돌고래 플리퍼는 내게 절대적 영웅이었다. 나는 돌고래가 친절하고 항상 온순하며 공감 능력을 타고났고, 존재

° 에티엔느 클랭Étienne Klein(1958~)은 프랑스 출판사 위멩시앙스humenSciences의 〈이떻게 알았지comment a-t-on su〉 시리즈를 이끄는 프랑스 철학자다. 이 책 또힌 클랭이 선정했다.
°° 장피에르 베르낭(1914~2007)은 프랑스 역사학자다.

론적 관점에서 보면 평화로운 생명체이자, 수영하다가 위험에 처한 이들이나 조난당한 사람들을 항상 구조할 준비가 된 존재라고 생각했다. 그런데 실제로는 암컷들이 있는 장소에서 수컷들이 극단적 폭력을 행사할 수 있는 종에 속한다는 사실을 알게 되면서 큰 충격을 받았다.

단번에 내 표현 체계의 모든 부분이 무너졌고 내 정신생활에 상당한 영향을 미쳤다.

더 보편적으로 그리고 더 진지하게 생각해 보면, 유럽의 문 앞에 전쟁이 다시 나타나고 있는 상황에서 동물 세계에도 전쟁이 존재한다는 사실을 알게 되자 매우 놀랐다. 항상 전쟁을 인간들의 전유물 또는 더 나아가 자연 세상의 문화적 예외로 여겼다. 동물 세계에서 전쟁은 수많은 방식으로 행해졌다. 그리고 그 결과가 이 책의 두께로 설명된다. 이 책은 짐승의 나라를 배경으로 한 『전쟁과 평화』나 다름없다.

로이크 볼라슈가 이끈 조사는 방대하고 엄청나다. 게다가 퍼즐을 해체하듯이 거의 모든 고정관념을 깼다. 그렇기에 암살자 까마귀, 겉으로 보기에 평온한 초식동물이지만 굉장히 호전적인 하마, 불한당 펭귄, 자폭 개미까지 등장한다. 또한 흰개미들의 전문 군대, 일부 곤충의 화학무기, 오리들의 강제 교미(그들만의 문제는 아니다), 미어캣들의 총력전, 침팬지들의 경계선 통제와 실제 영역 전쟁, 심지어 몇몇 종이 벌이는 내전까지! 그리고 더 놀라운 이야기도 있다. 몽구스들이 싸울 때 혼란스러운 상황을 이용해 적으로 추정되는 암컷들과 즐겁게 교미하려는 몽구스들이 있다는 사실에 우리는 경악을 금할 수 없다.

물론 동물 세계에 우리 인간의 전쟁을 분석하고 말하는 데 쓰는 단어들을 투영하지 않도록 주의해야 한다. 로이크 볼라슈는 이런 함정을 의식하면서 처음부터 포식도 약탈도 단순 폭력도 정말로 전쟁이 아니라는 점을 알리는 데 신경 썼다. 인간과 마찬가지로 동물에게도 사냥과 전쟁 간의 연속성이 없다는 것도 이야기한다. 전쟁은 이 모든 것과 다르다. 전쟁은 전쟁을 유발하는 원인이 종종 불투명한 탓에 일부 이해할 수 없는 상태로 남은 일종의 기이한 계획이나 마찬가지다.

우리가 전쟁을 더 잘 파악하고 싶다면 최소한 두 가지 질문을 마주할 필요가 있다. 첫째는 국가에 대한 질문이다. 우리는 항상 모든 전쟁에는 한 국가가 있다고 가정하거나 한 국가가 다른 국가를 향해 전쟁을 일으키기로 결심하므로 두 국가가 있을 것이라고 가정한다. 이러한 견해는 너무 제한적이지 않을까? 엄밀히 따지면 난 동물 세계에 국가가 없다고 생각한다. 그런데 동물 세계에서 전쟁이 일어난다고 하는 순간부터 왜 우리는 여러 공동체 안에서 사는 사람들이나 국가 없는 상태의 민중 사이에서 전쟁이 일어나지 않는다고 여길까? 이를 통해 우리는 동물 세상이나 인간 세상이나 살아가는 방식이 때로는 좋기도 하고 때로는 나쁘기도 하면서 그토록 다양하기에 전쟁이라는 개념 의 테두리가 유연하다고 볼 수 있다.

두 번째 질문은 무기에 대한 질문이다. 소위 '전쟁용' 무기 없 이, 즉 전쟁을 목표로 특별하게 고안되고 제작된 도구 없이 전 쟁을 할 수 있을까? 사람들이 사냥에 쓸모없는 검을 발명했을 때, 멋져 보이려 만든 것은 아니었다. 그렇다면 우리는 동물 세 상에서 전쟁 무기에 대해 말할 수 있을까?

로이크 볼라슈의 책은 우리에게 너무나 많은 것을 가르쳐 주 기 때문에 나는 그가 제시한 관점을 모두 살펴봤다고 말할 수 없 을 정도다. 그렇지만 솔직히 말해 마지막 한 가지가 신경 쓰인다. (내가 받았던 교육을 바탕으로) 내가 생각하는 신석기시대는 꽤나 평 화롭다. 경작하는 사람은 들판에 나가 일하고, 가축을 키우는 사 람은 무리를 지키고, 그러니깐 모든 게 그림엽서 같은 느낌이다. 이런 그림이 올바른 걸까? 인간들은 어느 날 갑자기 전쟁을 일으 키게 된 걸까? 아니면 한 번도 쉬지 않고 전쟁을 계속했던 걸까?

솔직히 나는 그저 내 어린 시절의 흔적들이 사라지지 않길 바라는 마음이 더 크다.

참고 문헌

서문

1. Kofron C. P., "Behavior of Nile crocodiles in a seasonal river in Zimbabwe", *Copeia*, 1993, p. 463-469.

2. Voltaire, *Dictionnaire philosophique*, 1764.

3. Von Clausewitz C., *De la guerre*, Paris, République des Lettres, 2019.

4. Schu A., "Qu'est-ce que la guerre ?", *Revue francaise de science politique*, vol. 67, no. 2, 2017, p. 291-308.

5. Bollache L., *Comment pensent les animaux*, Paris, humen-Sciences, 2020.

6. Hobbes T., *Léviathan*, chap. XIII.

7. Goodall J., *Through a window: My thirty years with the chimpanzees of Gombe*, HMH, 2010. [제인 구달 지음, 이민아 옮김, 『창문 너머로』, 사이언스북스, 2024.]

8. Majolo B., "Warfare in an evolutionary perspective", *Evolutionary anthropology: issues, news, and reviews*, vol. 28, n. 6, 2019, p. 321-331.

9. Hobbes T., *Léviathan*, chap. XIII.

1장 영역 전쟁

1. Goodall J., *Through a window: My thirty years with the chimpanzees of Gombe*, HMH, 2010.

2. Mitani J. C., Watts D. P. et Amsler S. J., "Lethal intergroup aggression leads to territorial expansion in wild chimpanzees", *Current biology*, vol. 20, no 12, 2010, p. R507-R508.

3. Wrangham R. W., Wilson M. L. et Muller M. N., "Comparative rates of aggression in chimpanzees and humans", *Primates*, vol. 47, 2006, p. 14-26.

4. Boesch C. et al., "Fatal chimpanzee attack in Loango National Park, Gabon", *International Journal of Primatology*, vol. 28, no 5, 2007, p. 1025-1034.

5. Boesch C. et al., "Intergroup confl icts among chimpanzees in Tai National Park: lethal violence and the female perspective", *American Journal of Primatology*, vol. 70, no. 6, 2008, p. 519-532.

6. Hashimoto C. et Furuichi T., "Uganda", *Pan Africa News*, vol. 10, 2005, p. 31-32.

7. Goossens B. et al., "Survival, interactions with conspecifics and reproduction in 37 chimpanzees released into the wild", *Biological conservation*, vol. 123, no. 4, 2005, p. 461-475.

8. Wrangham R. W. et Glowacki L., "Intergroup aggression in chimpanzees and war in nomadic hunter-gatherers", *Human Nature*, vol. 23, no. 1, 2012, p. 5-29.

9. Martinez-Inigo L., Engelhardt A., Agil M., Pilot M. et Majolo B., "Intergroup lethal gang attacks in wild crested macaques, *Macaca nigra*", *Animal Behaviour*, vol. 180, 2021, p. 81-91.

10. Rosenbaum S., Vecellio V. et Stoinski T., "Observations of severe and lethal coalitionary attacks in wild mountain gorillas", *Scientific Reports*, vol. 6, no. 1, 2016, p. 1-8.

11. McGraw W. S., Plavcan J. M. et Adachi-Kanazawa K., "Adult female *Cercopithecus diana* employ canine teeth to kill another adult female *C. diana*", *International journal of primatology*, vol. 23, no. 6, 2002, p. 1301-1308.

12. Payne H. F., Lawes M. J. et Henzi S. P., "Fatal attack on an adult female *Cercopithecus mitis erythrarchus*: implications for female dispersal in female-bonded societies", *International Journal of Primatology*, vol. 24, no 6, 2003, p. 1245-1250.

13. Clutton-Brock T. H. et al., "Selfish sentinels in cooperative mammals", *Science*, vol. 284, no 5420, 1999, p. 1640-1644.

14. https://kalahariresearchcentre.org/

15. Dyble M., Houslay T. M., Manser M. B. et Clutton-Brock T., "Intergroup aggression in meerkats", *Proceedings of the Royal Society B*, vol. 286, 2019, 20191993.

16. Thompson F. J., Marshall H. H., Vitikainen E. I. et Cant M. A., "Causes and consequences of intergroup conflict in cooperative banded mongooses", *Animal Behaviour*, vol. 126, 2017, p. 31-40.

17. Johnstone R. A., Cant M. A., Cram D. et Thompson F. J., "Exploitative leaders incite intergroup warfare in a social mammal", *Proceedings of the National Academy of Sciences*, vol. 117, no 47, 2020, p. 29759-29766.

18. Diekmann A., "Volunteer's dilemma", *Journal of Conflict Resolution*, vol. 29, 1985, p. 605-610.

19. Arseneau-Robar T. J. M. et al., "Female monkeys use both the carrot and the stick to promote male participation in intergroup fights", *Proceedings of the Royal Society B: Biological Sciences*, vol. 283, no. 1843, 2016, 20161817.

20. Arseneau-Robar T. J. M. et al., "Male monkeys use punishment and coercion to de-escalate costly intergroup fights", *Proceedings of the Royal Society B*, vol. 285, no 1880, 2018, 20172323.

21. Radford A. N., "Preparing for battle ? Potential intergroup conflict promotes current intragroup affiliation", *Biology Letters*, vol. 7, no. 1, 2011, p. 26-29.

22. Crofoot M. C., "The cost of defeat: Capuchin groups travel further, faster and later after losing conflicts with neighbors", *American journal of physical anthropology*, vol. 152, no. 1, 2013, p. 79-85.

23. Creel S. et Creel N. M., "Six ecological factors that may limit African wild dogs,

Lycaon pictus", *Animal Conservation*, vol. 1, no 1, 1998, p. 1-9.

2장 암수 전쟁

1. Clutton-Brock T. H. et Parker G. A., "Sexual coercion in animal societies", *Animal Behaviour*, vol. 49, 1995, p. 1345-1365.

2. Sugiyama Y., "On the social change of Hanuman langurs *(Presbytis entellus)* in their natural condition", *Primates*, vol. 6, nos 3-4, 1965, p. 381-418.

3. Lukas D. et Huchard E., "The evolution of infanticide by males in mammalian societies", *Science*, vol. 346, no 6211, 2014, p. 841-844.

4. Pusey A. E. et Packer C., "Infanticide in lions: consequences and counter-strategies", dans Parmigiani S. et vom Saal F., *Infanticide and parental care*, Londres, Harwood Academic Publishers, 1994, p. 277-299.

5. Rode-Margono E. J., Nekaris K. A. I., Kappeler P. M. et Schwitzer C., "The largest relative testis size among primates and aseasonal reproduction in a nocturnal lemur, *Mirza zaza*", *American journal of physical anthropology*, vol. 158, no 1, 2015, p. 165-169.

6. Baniel A., Cowlishaw G. et Huchard E., "Male violence and sexual intimidation in a wild primate society", *Current biology*, vol. 27, no 14, 2017, p. 2163-2168.

7. Muller M. N., Emery Thompson M., Kahlenberg S. et Wrangham R., "Sexual coercion by male chimpanzees shows that female choice may be more apparent than real", *Behavioral Ecology and Sociobiology*, vol. 65, 2011, p. 921-933.

8. Prosen E. D., Jaeger R. G. et Lee D. R., "Sexual coercion in a territorial salamander: females punish socially polygynous male partners", *Animal Behaviour*, vol. 67, no 1, 2004, p. 85-92.

9. Dunn D. G., Barco S. G., Pabst D. A. et McLellan W. A., "Evidence for infanticide in bottlenose dolphins of the western North Atlantic", *Journal of Wildlife Diseases*, vol. 38, no 3, 2002, p. 505-510.

10. Fury C. A., Ruckstuhl K. E. et Harrison P. L., "Spatial and social sexual segregation patterns in Indo-Pacific bottlenose dolphins *Tursiops aduncus*", *PloS one*, vol. 8, no 1, 2013, e52987.

11. Szykman M. et al., "Rare male aggression directed toward females in a female-dominated society: Baiting behavior in the spotted hyena", *Aggressive Behavior: Official Journal of the International Society for Research on Aggression*, vol. 29, no 5, 2003, p. 457-474.

12. Huxley J. S., "A 'disharmony' in the reproductive habits of the wild duck *Anas boschas L.*", *Biologisches Zentralblatt*, vol. 32, 1912, 621423.

13. McKinney F., Derrickson S. R. et Mineau P., "Forced Copulation in Waterfowl", *Behaviour*, 1983, p. 250-294.

14. Parker G. A., "Sperm competition and its evolutionary consequences in the insects", *Biological Reviews*, vol. 45, no 4, 1970, p. 525-567.

15. Cunningham E. J., "Female mate preferences and subsequent resistance to copulation in the mallard", *Behavioral Ecology*, vol. 14, no 3, 2003, p. 326-333.

16. Brennan P. L. et al., "Coevolution of male and female genital morphology in waterfowl", *PLoS One*, vol. 2, no 5, 2007, e418.

17. Levick G. M., *Antarctic penguins – a study of their social habits*, Londres, William Heinemann, 1914.

18. Id., "Natural history of the Adelie penguin", dans *British Antarctic ('Terra Nova') Expedition, 1910. Natural history report-zoology*, Londres, British Museum, Natural History, 1915, p. 55-84.

19. Russell D. G., Sladen W. J. et Ainley D. G., "Dr. George Murray Levick (1876-1956): unpublished notes on the sexual habits of the Adelie penguin", *Polar Record*, vol. 48, no 4, 2012, p. 387-393.

20. Groning J. et Hochkirch A., "Reproductive interference between animal species", *The Quarterly Review of Biology*, vol. 83, 2008, p. 257-282.

21. Hatfield B. B., Jameson R. J., Murphey T. G. et Woodard D. D., "Atypical interactions between male southern sea otters and pinnipeds", *Marine Mammal Science*, vol. 10, 1994, p. 111-114.

22. Harris H. S. et al., "Lesions and Behavior Associated with Forced Copulation of Juvenile Pacific Harbor Seals *(Phoca vitulina richardsi)* by Southern Sea Otters *(Enhydra lutris nereis)*", *Aquatic Mammals*, vol. 36, no 4, 2010.

23. Haddad W. A., Reisinger R. R., Scott T., Bester M. N. et De Bruyn P. J., "Multiple occurrences of king penguin *Aptenodytes patagonicus* sexual harassment by Antarctic fur seals *Arctocephalus gazella*", *Polar Biology*, vol. 38, no 5, 2015, p. 741-746.

24. Pele M., Bonnefoy A., Shimada M. et Sueur C., "Interspecies sexual behaviour between a male Japanese macaque and female sika deer", *Primates*, vol. 58, no 2, 2017, p. 275-278.

3장 전사 계급의 진화

1. 프랑스 국방부 사이트 www.defense.gouv.fr. "Les chiffres clés de la Défense édition 2020(2020년도 국방부 주요 숫자)"

2. https://donnees.banquemondiale.org/indicateur/MS.MIL.TOTL.TF.ZS

3. Passera L., Roncin E., Kaufmann B. et Keller L., "Increased soldier production in ant colonies exposed to intraspecific competition", *Nature*, vol. 379, no. 6566, 1996, p. 630-631.

4. Lucas J. R. et Brockmann H. J., "Predatory interactions between ants and antlions (Hymenoptera: Formicidae and Neuroptera: Myrmeleontidae)", *Journal of the Kansas Entomological Society*, 1981, p. 228-232.

5. Helms J. A., Peeters C. et Fisher B. L., "Funnels, gas exchange and cliff jumping: natural history of the cliff dwelling ant *Malagidris sofina*", *Insectes sociaux*, vol. 61, no. 4, 2014, p. 357-365.

6. Scholtz O. I., Macleod N. et Eggleton P., "Termite soldier defence strategies: a reassessment of Prestwich's classification and an examination of the evolution of defence morphology using extended eigenshape analyses of head morphology", *Zoological Journal of the Linnean Society*, vol. 153, no. 4, 2008, p. 631-650.

7. Šobotník J. et al., "Explosive backpacks in old termite workers", *Science*, vol. 337, no. 6093, 2012, p. 436.

8. Grüter C., Menezes C., Imperatriz-Fonseca V. L. et Ratnieks F. L., "A morphologically specialized soldier caste improves colony defense in a neotropical eusocial bee", *Proceedings of the National Academy of Sciences*, vol. 109, no. 4,

2012, p. 1182-1186.

9. Kutsukake M. et al., "Exaggeration and cooption of innate immunity for social defense", *Proceedings of the National Academy of Sciences*, vol. 116, no. 18, 2019, p. 8950-8959.

10. Shigeyuki A., "*Colophina clematis* (Homoptera, Pemphigidae), an Aphid Species with 'Soldiers'", *Kontyû*, Tokyo, vol. 45, 1977, p. 276-282.

11. Duffy J. E., "Eusociality in a coral-reef shrimp", *Nature*, vol. 381, no. 6582, 1996, p. 512-514.

12. Lagrue C., *Les parasites manipulateurs. Sommes-nous sous influence ?*, Paris, humenSciences, 2020.

13. Hechinger R. F., Wood A. C. et Kuris A. M., "Social organization in a flatworm: trematode parasites form soldier and reproductive castes", *Proceedings of the Royal Society B: Biological Sciences*, vol. 278, no. 1706, 2011, p. 656-665.

14. Newey P. et Keller L., "Social evolution: war of the worms", *Current Biology*, vol. 20, no 22, 2010, R985-R987.

15. Albani A. E. et al., "Large colonial organisms with coordinated growth in oxygenated environments 2.1 Gyr ago", *Nature*, vol. 466, no 7302, 2010, p. 100-104.

4장 종들의 전쟁: 적과 경쟁자를 제거하라

1. https://www.bbcearth.com/lion-trapped-by-clan-of-hyenas

2. Schaller G. B., *The Serengeti lion: a study of predator-prey relations*, Chicago, University of Chicago Press, 1972.

3. Kruuk H., *The spotted hyena: a study of predation and social behavior*, Chicago, University of Chicago Press, 1972.

4. Palomares F. et Caro T. M., "Interspecific killing among mammalian carnivores", *The American Naturalist*, vol. 153, no. 5, 1999, p. 492-508.

5. Southern L. M., Deschner T. et Pika S., "Lethal coalitionary attacks of chimpanzees *(Pan troglodytes troglodytes)* on gorillas *(Gorilla gorilla gorilla)* in the wild", *Scientific reports*, vol. 11, no 1, 2021, p. 1-10.

6. Klein H. et al., "Hunting of mammals by central chimpanzees *(Pan troglodytes troglodytes) in the Loango National Park, Gabon", *Primates*, vol. 62, 2021, p. 267-278.

7. Mangani B., "Buffalo kills lion", *African Wildlife*, vol. 16, 1962, p. 27.

8. Mitchell B. L., Shenton J. B. et Uys J. C. M., "Predation on large mammals in the Kafue National Park, Zambia", *African Zoology*, vol. 1, 1965, p. 297-318.

9. Moriceau J.-M., *L'homme contre le loup. Une guerre de deux mille ans*, Paris, Fayard, 2011.

10. Leclerc G.-L., *Histoire naturelle, generale et particuliere, avec la description du Cabinet du roi*, t. VII, 1758.

11. 당시 사람들은 늑대가 실제로 매우 사회적인 존재라는 사실을 몰랐다. 이 주제에 대해 더 자세히 알고 싶다면 다음 책을 소개한다. Jouventin P., *Le loup, ce mal-aimé qui nous ressemble*, Paris, humenSciences, 2022.

12. https://www.francetvinfo.fr/sante/environnement-etsante/600-000-renards-sont-ils-reellement-tues-chaque-anneeen-france_3727597.html

13. Ripple W. J. et Beschta R. L., "Trophic cascades in Yellowstone: the first 15 years after wolf reintroduction", *Biological Conservation*, vol. 145, no 1, 2012, p. 205-213.

5장 계승 전쟁과 내란

1. Aron S., Steinhauer N. et Fournier D., "Influence of queen phenotype, investment and maternity apportionment on the outcome of fights in cooperative foundations of the ant *Lasius niger*", *Animal Behaviour*, vol. 77, no. 5, 2009, p. 1067-1074.

2. Cheron B., Doums C., Federici P. et Monnin T., "Queen replacement in the monogynous ant *Aphaenogaster senilis*: supernumerary queens as life insurance", *Animal Behaviour*, vol. 78, no. 6, 2009, p. 1317-1325.

3. Reaumur R.-A. (de), *Mémoire pour servir à l'histoire des insectes*, Imprimerie Royale 5, 1741, p. 207-728.

4. Strauss E. D. et Holekamp K. E., "Social alliances improve rank and fitness in

convention-based societies", *Proceedings of the National Academy of Sciences of the United States of America*, vol. 116, 2019, p. 8919-8924.

5. Higham J. P. et Maestripieri D., "Revolutionary coalitions in male rhesus macaques", *Behaviour*, 2010, p. 1889-1908.

6. Chapais B., "Alliances as a means of competition in primates: evolutionary, developmental, and cognitive aspects", *American Journal of Physical Anthropology*, vol. 38, 1995, p. 115-136.

7. Nishida T., "Alpha status and agonistic alliance in wild chimpanzees *(Pan troglodytes schweinfurthii)*", *Primates*, vol. 24, no 3, 1983, p. 318-336.

8. De Waal F. B. M., "The brutal elimination of a rival among captive male chimpanzees", *Ethology and Sociobiology*, vol. 7, 1986, p. 237-251.

9. Chapais B., "Rank maintenance in female Japanese macaques: Experimental evidence for social dependency", *Behaviour*, vol. 104, 1988, p. 41-59.

10. Setchell J. M., Knapp L. A. et Wickings E. J., "Violent coalitionary attack by female mandrills against an injured alpha male", *American Journal of Primatology: Official Journal of the American Society of Primatologists*, vol. 68, no. 4, 2006, p. 411-418.

11. Holtmann B., Buskas J., Steele M., Solokovskis K. et Wolf J. B., "Dominance relationships and coalitionary aggression against conspecifics in female carrion crows", *Scientific reports*, vol. 9, no. 1, 2019, p. 1-8.

12. Chak S. T., Rubenstein D. R. et Duffy J. E., "Social control of reproduction and breeding monopolization in the eusocial snapping shrimp *Synalpheus elizabethae*", *The American Naturalist*, vol. 186, no. 5, 2015, p. 660-668.

13. Clarke F. M. et Faulkes C. G., "Dominance and queen succession in captive colonies of the eusocial naked-mole-rat, *Heterocephalus glaber*", *Proceedings of the Royal Society of London. Series B: biological sciences*, vol. 264, no. 1384, 1997, p. 993-1000.

6장 동물의 사회적 배척

1. Gruter M. et Masters R. D., "Ostracism as a social and biological phenomenon:

An introduction", *Ethology and Sociobiology*, vol. 7, 1986, p. 149-158.

2. Roberts P. J., "Storm petrel chasing albino", *British Birds*, vol. 71, no. 8, 1978, p. 357.

3. Filatova O. A. et al., "White killer whales *(Orcinus orca)* in the western North Pacific", *Aquatic Mammals*, vol. 42, no. 3, 2016, p. 350-356.

4. Slavík O., Horký P. et Maciak M., "Ostracism of an Albino Individual by a Group of Pigmented Catfish", *PLoS One*, vol. 10, no 5, 2015, e0128279.

5. Poirotte C. et al., "Mandrills use olfaction to socially avoid parasitized conspecifics", *Science advances*, vol. 3, no. 4, 2017, e1601721.

6. Kiesecker J. M., Skelly D. K., Beard K. H. et Preisser E., "Behavioral reduction of infection risk", *Proceedings of the National Academy of Sciences*, vol. 96, no. 16, 1999, p. 9165-9168.

7. Behringer D. C., Butler M. J. et Shields J. D., "Avoidance of disease by social lobsters", *Nature*, vol. 441, no. 7092, 2006, p. 421.

8. Goodall J., "Social rejection, exclusion, and shunning among the Gombe chimpanzees", *Ethology and Sociobiology*, vol. 7, nos 3-4, 1986, p. 227-236.

9. Sasaki T. et Uchida S., "The evolution of cooperation by social exclusion", *Proceedings of the Royal Society B: Biological Sciences*, vol. 280, no. 1752, 2013, 20122498.

10. Nishida T., Hosaka K., Nakamura M. et Hamai M., "A within-group gang attack on a young adult male chimpanzee: ostracism of an ill-mannered member ?", *Primates*, vol. 36, no. 2, 1995, p. 207-211.

11. Benenson J. F. et al., "Social exclusion: more important to human females than males", *PLoS One*, vol. 8, no. 2, 2013, e55851.

12. Douglas T., *Scapegoats: transferring blame*, Routledge, 2002.

13. Girard R., *Le bouc emissaire*, Paris, Grasset, 2014. [르네 지라르 지음, 김진식 옮김, 『희생양』, 민음사, 2007.]

14. Bouissou M. F. et Boissy A., "Le comportement social des bovins et ses conséquences en élevage", *Productions animales*, vol. 18, no. 2, 2005, p. 87-99.

15. De Waal F. B., van Hooff J. A. et Netto W. J., "An ethological analysis of types

of agonistic interaction in a captive group of Java-monkeys *(Macaca fascicularis)*", *Primates*, vol. 17, no 3, 1976, p. 257-290.

7장 평화: 충돌을 비폭력적으로 해결하기

1. Golding W., *Sa Majeste des mouches*, Paris, Gallimard, 1956. [윌리엄 골딩 지음, 유종호 옮김, 『파리대왕』, 민음사, 2002.]

2. Kaburu S. S., Inoue S. et Newton-Fisher N. E., "Death of the alpha: Within-community lethal violence among chimpanzees of the Mahale Mountains National Park", *American journal of primatology*, vol. 75, no. 8, 2013, p. 789-797.

3. Weimerskirch H., Le Bouard F., Ryan P. G. et Bost C. A., "Massive decline of the world's largest king penguin colony at Ile aux Cochons, Crozet", *Antarctic Science*, vol. 30, no 4, 2018, p. 236-242.

4. Hediger H., *Wild animals in captivity*, Oxford, Butterworth-Heinemann, 2013.

5. Hall E. T., "Proxemics: The study of man's spatial relations", *Man's image in medicine and anthropology*, 1963.

6. Hutt C. et Vaizey M. J., "Differential effects of group density on social behavior", *Nature*, vol. 209, 1966, 137.

7. Clarke J. R., "Influence of numbers on reproduction and survival in two experimental vole populations", *Proceedings of the Royal Society of London. Series B-Biological Sciences*, vol. 144, no. 914, 1955, p. 68-85.

8. Walker R. S. et Hamilton M. J., "Life-history consequences of density dependence and the evolution of human body size", *Current Anthropology*, vol. 49, no. 1, 2008, p. 115-122.

9. West-Eberhard M. J., "The evolution of social behavior by kin selection", *The Quarterly Review of Biology*, vol. 50, no. 1, 1975, p. 1-33.

10. East M. L. et Hofer H., "Male spotted hyenas *(Crocuta crocuta)* queue for status in social groups dominated by females", *Behavioral Ecology*, vol. 12, no 5, 2001, p. 558-568.

11. Rohwer S. et Ewald P. W., "The cost of dominance and the advantage of subordination in a badge-signalling system", *Evolution*, vol. 35, 1981, p. 441-454.

12. Bollache L., *Comment pensent les animaux*, Paris, humen-Sciences, 2020.

13. De Waal F. et van Roosmalen A., "Reconciliation and consolation among chimpanzees", *Behavioral Ecology and Sociobiology*, vol. 5, no. 1, 1979, p. 55-66.

14. Burkett J. P. et al., "Oxytocin-dependent consolation behavior in rodents", *Science*, vol. 351, no 6271, 2016, p. 375-378.

15. Seed A. M., Clayton N. S. et Emery N. J., "Postconflict third-party affiliation in rooks, *Corvus frugilegus*", *Current Biology*, vol. 17, no. 2, 2007, p. 152-158.

16. Fraser O. N. et Bugnyar T., "Do ravens show consolation ? Responses to distressed others", *PLoS One*, vol. 5, no. 5, 2010, e10605.

17. Cools A. K. A., van Hout A. J. M. et Nelissen M. H. J., "Canine reconciliation and thirdparty-initiated postconflict affiliation: do peacemaking social mechanisms in dogs rival those of higher primates ?", *Ethology*, vol. 114, 2008, p. 53-63.

18. Wahaj S. A., Guse K. et Holekamp K. E., "Reconciliation in the spotted hyena (Crocuta crocuta)", *Ethology*, vol. 107, 2001, p. 1057-1074.

19. Schino G., "Reconciliation in domestic goats", *Behaviour*, vol. 135, 1998, p. 343-356.

20. Aureli F. et de Waal F. B. M., *Natural conflict resolution*, Berkeley, University of California Press, 2000.

21. *Bulletin du Cercle Zoologique Congolais*, cinquième année (1928), vol. V, fascicule 1 – Comptes-rendus des séances, séance du 14 janvier 1928, p. 9.

22. Herzfeld C., "L'invention du bonobo", *Bulletin d'histoire et d'épistémologie des sciences de la vie*, vol. 14, no 2, 2007, p. 139-162.

23. Coolidge Jr H. J., "*Pan paniscus*. Pigmy chimpanzee from south of the Congo river", *American Journal of Physical Anthropology*, vol. 18, no. 1, 1933, p. 1-59.

24. De Waal F. B., "Bonobo sex and society", *Scientific american*, vol. 272, no. 3, 1995, p. 82-88.

25. Wrangham R. W., "The evolution of sexuality in chimpanzees and bonobos", *Human Nature*, vol. 4, 1993, p. 47-79.

26. Hohmann G. et Fruth B., "Use and function of genital contacts among female

bonobos", *Animal Behaviour*, vol. 60, 2000, p. 107-120.

27. Sapolsky R. M. et Share L. J., "A pacific culture among wild baboons: its emergence and transmission", *PLoS biology*, vol. 2, no 4, 2004, e106.

28. Darwin C., *On the Origin of Species by Means of Natural Selection, or the Preservation of Favoured Races in the Struggle for Life*, Londres, John Murray, 1859. [찰스 로버트 다윈 지음, 장대익 옮김, 『종의 기원』, 사이언스북스, 2019.]

29. *Id.*, *The Descent of Man and Selection in Relation to Sex*, Londres, John Murray, 1871. [찰스 로버트 다윈 지음, 김관선 옮김, 『인간의 유래』, 한길사, 2025.]

30. *Id.*, *The Variation of Animals and Plants Under Domestication*, London, John Murray, 1868.

31. Belyaev D. K., "Domestication of animals", *Science Journal*, 1969, p. 47-52.

32. Kaminski J., Waller B. M., Diogo R. et Burrows A. M., "Evolution of facial muscle anatomy in dogs", *The Proceedings of the National Academy of Sciences*, vol. 116, no. 29, 2019, p. 14677-14681.

33. Balzeau A. et al., "First description of the Cro-Magnon 1 endocast and study of brain variation and evolution in anatomically modern *Homo sapiens*", *Bulletins et Mémoires Société d'Anthropologie de Paris*, vol. 25, nos 1-2, 2013, p. 1-18.

34. Wrangham R. W., "Hypotheses for the evolution of reduced reactive aggression in the context of human self-domestication", *Frontiers in Psychology*, vol. 10, 2019.

35. Leach H., "Human domestication reconsidered", *Current Anthropology*, vol. 44, 2003, p. 349-368.

결론: 전쟁은 필연적이지 않다

1. Rousseau J.-J., *Discours sur l'origine et les fondements de l'inégalité parmi les hommes*, 1755. [장자크 루소 지음, 주경복 옮김, 『인간 불평등 기원론』, 책세상, 2018.]

2. *Pensées et Fragments inédits de Montesquieu*, 1899.

3. Gayon J., *Darwin et l'après Darwin. Une histoire de 'l'Hypothèse' de sélection naturelle*, Paris, Éditions Kimé, 1992.

4. Darwin C., *The descent of man*, New York, D. Appleton, 1871.

5. Hamilton W. D., "The genetical evolution of social behaviour", *Journal of theoretical biology*, vol. 7, no 1, 1964, p. 1-16.

6. Trivers R. L., "The evolution of reciprocal altruism", *Quarterly review of biology*, 1971, p. 35-57.

7. Axelrod R. et Hamilton W. D., "The evolution of cooperation", *Science*, vol. 211, no. 4489, 1981, p. 1390-1396.

8. Roberts G. et Sherratt T. N., "Development of cooperative relationships through increasing investment", *Nature*, vol. 394, 1998, p. 175-179.

9. Carter G. G. et al., "Development of new food-sharing relationships in vampire bats", *Current Biology*, vol. 30, no 7, 2020, p. 1275-1279.

10. Choi J. K. et Bowles S., "The coevolution of parochial altruism and war", *Science*, vol. 318, no. 5850, 2007, p. 636-640.

동물 사회의 전쟁

초판 1쇄 인쇄 | 2026년 1월 2일
초판 1쇄 발행 | 2026년 1월 15일

지은이 | 로이크 볼라슈
옮긴이 | 윤어연

발행인 | 박효상
편집장 | 김현
기획 | 이한경
편집·진행 | 박지행

교정·교열 | 강진홍
디자인 | 펑구르르

마케팅 | 이태호, 이전희
관리 | 김태옥

종이 | 월드페이퍼   인쇄·제본 | 예림인쇄·바인딩

발행처 | 사람in   출판등록 | 제10-1835호

주소 | 04034 서울시 마포구 양화로 11길 14-10 (서교동) 3F
전화 | 02) 338-3555(代)   팩스 | 02) 338-3545
E-mail | saramin@netsgo.com   Website | www.saramin.com
인스타그램 | www.instagram.com/saramin_books   블로그 | blog.naver.com/saramcom

ISBN | 979-11-7101-202-2 03490